# 改变生活的住宅解剖书

[日] 水越美枝子 著

熊仁芳 译

江苏凤凰科学技术出版社

南京

# 前言

在进行旧房改造设计时，我总会花时间在客户家中倾听他们的需求，也请他们一起来考虑改造装修计划。为什么这么做呢？因为旧房与新房不同，最了解旧房情况的就是常年居住于此的房主。听着房主对自家房屋的优点、缺点、不便之处、想改善之处等的讲述，我也和他们一起构想着他们理想的家居生活。这样充分地了解房屋和居住其中的人们，是旧房改造成功的关键。

但是，很多人都有这样的担心：“我想改造旧房，又担心自己的想法不被设计师和施工人员理解……”实际上，有些人在拿到不理想的设计后，因没有具体的解决方案，只能妥协，被动接受；也有很多人咨询了多处却得不到满意答案，拿着图纸千里迢迢来到我的工作室寻求帮助。

写作这本书的初衷，就是为了帮助这些因旧房改造而苦恼的人们，帮助他们找到解决方案。即便他们不能亲自设计，了解一些关于理想家居的房屋布局、动线设计的知识，也就掌握了实现自己理想生活的钥匙，也由此可以向设计师清晰地描述自己的想法。

毫不夸张地说，优秀的旧房改造设计能够改变居住者的生活。希望您能在这本书的帮助下，成功实现自己的“改变生活的旧房改造”计划。

水越美枝子

# 目录

## 第 3 章　有效减少家务时间



## 第 4 章　打造个性空间，尽享多彩人生

## 第 6 章　改变空间狭小的居室改造术

## 第 7 章　隐藏生活杂物，营造舒适环境



## 后记

第1章

# 改变生活的旧房改造实例

实例 1

# 私密空间集中于二层，夫妇二人乐享生活的幸福家园

东京都练马区岛田家

**资料**

改造面积：103.9 m²

结构规模：钢筋混凝土地下室 + 木制 2 层建筑

家庭成员：夫妇

## 缩短生活动线，充实兴趣空间

岛田家，孩子们自立门户后，房间空置了，以此为契机，客户决心重新装修老房子，将其打造成一个适宜夫妇二人生活的空间。改造的重点是：将一层的洗浴区、二层的卧室等原本分离的私密空间集中放在二层，这样大幅减少了上下楼梯的次数。另外，改造后，洗衣和晾衣处于同一楼层，也大大缩短了家务时间。同时，既保证有充足的收纳空间，又开设了专门的兴趣空间，生活的舒适度大大提升。

## 改造前

盥洗室和浴室在一层，卧室在二层，相互分离，生活不便，收纳空间不足。

### 儿童房

二层的两个西式房间都曾是儿童房，家里孩子自立门户后，这里被当作储物间使用。

### 卧室

固定收纳空间少，衣物无处放置，室内摆放了两个衣柜，收纳箱也直接放在地上。

储物间
卫生间
西式房间 2
门厅
楼梯
卧室
西式房间 1
阳台
二层

### 玄关

收纳空间参差不齐，给人杂乱无章之感，饰品也显得毫无特色。

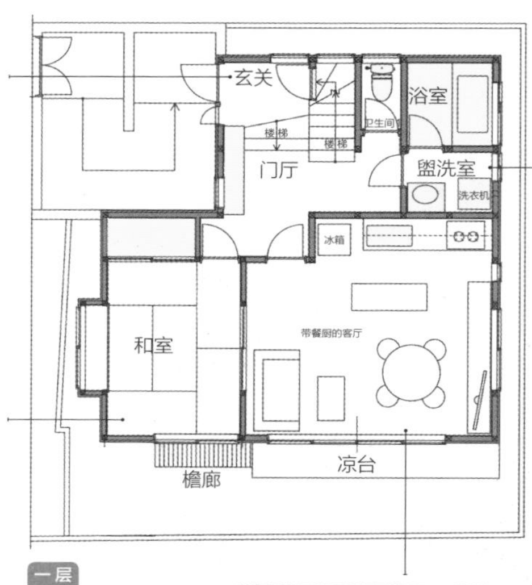


一层

### 浴室和盥洗室

早晨的梳妆整理和晚上就寝前的洗漱都需要上下楼梯。另外，所洗衣物要运到二层晾晒。

### 和室

曾经是客房，但平时几乎用不上，常被用来搁置杂物。

部分表示收纳空间。

### 餐厨区

从餐厅看过去一览无余的厨房。有大型餐具柜，放不下的物品都堆在台面上。

## 改造后

水线移至二层，缩短生活动线。扩充收纳空间，创造兴趣空间。

**改造重点**

- ○ 将水线和卧室集中在一层。
- ○ 增加固定收纳空间，减少摆放家具。
- ○ 有效利用闲置的儿童房。

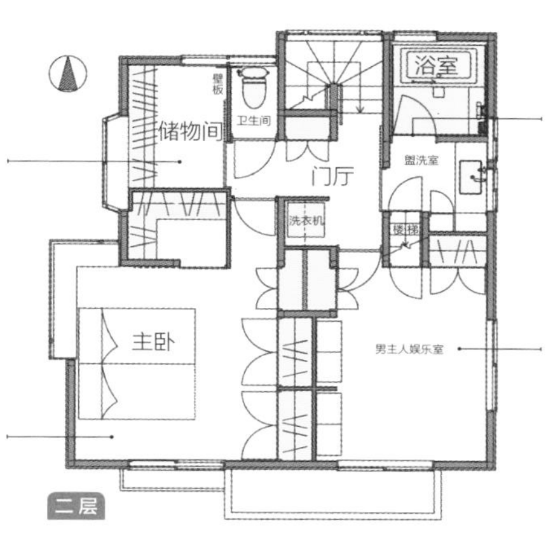


### 储物间

原来的女儿房间被改为储物间和卫生间。共用窗户，采光良好。

### 主卧

设置了男主人专用的步入式衣帽间，增加了墙面收纳空间，女主人的衣物可全部收纳进去。

### 浴室和盥洗室

原本在一层的浴室和盥洗室被移至二层。靠近寝室，使用方便。洗衣机也靠近晾衣台。

### 男主人娱乐室

空置的儿子房间被改为男主人的娱乐室。

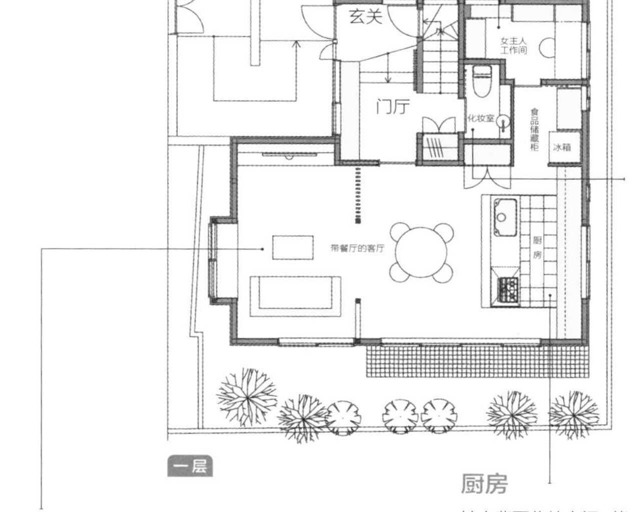


### 女主人工作间

女主人喜欢缝纫等手工，专门为她设计了一个工作间，这样，厨房的桌面不再凌乱。

### 化妆室

因一层取消了盥洗室，设计了兼具卫生间和洗手功能的化妆室，这样也便于客人使用。

### 客厅

用隔断轻松与餐厅区隔开，创造出一个家人和客人可以放松的空间。还设有电视柜。

### 厨房

扩充背面收纳空间，能收纳大量餐具。避免了料理时的杂乱，在厨房忙碌时也可以看到其他人和庭院。

## 盥洗室和浴室被移至卧室所在的二层，生活便利了许多

**早晨起床后能马上洗漱整理，舒适方便**

将原来位于一层的盥洗室和浴室移到距卧室几步之遥的二层，这样，可以迅速进行睡前的洗漱和早上的梳妆整理，方便舒适。

主卧设有男女主人各自专用的衣柜，夫妇二人可以轻松梳妆整理。

将洗衣机移至晾衣台所在的二层，减少上下楼梯次数。

将原来的和室改为客厅，除去与餐厅间的隔墙，空间扩容。

# 和室变身宽敞明亮、惬意放松的客厅

## 遮光帘从天花板上垂下，房间更显宽敞

为遮蔽窗户和挡烟垂壁，设计了自天花板垂下的遮光帘。遮蔽垂壁，窗户显得更大，空间更显宽敞。

## 客厅入口巧用隔断，轻松分隔空间

客厅和餐厅之间有一无法移除的柱子，利用它设计了隔断，轻松分隔空间，让客厅成为一个惬意放松的空间。

# 扩充收纳空间，海量物品轻松放置

**背面墙壁收纳了大量餐具**

厨房背面，除地柜外，吊柜也可放置大量餐具。门与墙壁同色，无把手，关上门，整个空间干净清爽。

**卧室衣柜的收纳能力也是满分**

二层卧室里专为男主人设计的步入式衣帽间。横杆可悬挂大量衣物，易看、易选，节约换衣时间。

**厨房一角设有大型食品储藏架**

厨房一角设有食品储藏架，可收纳大量食品。有访客时，可以用卷帘门遮蔽。

## 厨房旁设有女主人的手工操作间

### 随时由手工模式迅速转入家务模式，方便快捷

浴室移除后，有了剩余空间，于是在厨房内为女主人设计了手工操作间。以往女主人利用厨房桌面做手工，现在无须再一一整理桌面。工作间内铺有地暖，温暖舒适。

女主人爱好手工，技艺高超，十分专业，可开班授课。

## 迎接客人的舒适空间

### 美化玄关处可见的室内风景

玄关处设有木制隔断，可以遮蔽楼梯。通往客厅的门使用了玻璃门，阳光得以透射进来。

玄关旁的化妆室。镜中映出镶嵌的彩色玻璃。

实例 2

# 水线大改造，公寓也能明亮通透

神奈川县横滨市饭泽家

**资料**

改造面积：56.6 $m^2$

结构规模：钢筋混凝土公寓

家庭成员：夫妇

## 去除墙壁，形成明亮开放的空间

饭泽家，两个儿子自立门户后，家中只剩夫妇二人，因此，饭泽夫妇下决心重新装修公寓。旧公寓有多面墙壁及拉门、隔断，并且为了收纳大量物品，家具很多，整个空间光线昏暗、十分拥挤。经过包含水线移动的大胆改造，公寓大变身。改造后，增加了夫妇二人共赏和服的兴趣空间，夫妇二人与爱犬和爱猫在此享受惬意慢生活。

## 改造前

许多房间光线昏暗，白天也需开灯，装和服的衣柜压迫感强，整个空间让人感觉不舒适。

### 带餐厅的客厅

被沙发、桌子及收纳家具填满的狭小空间。时常挂着和服。

### 厨房

半开放式厨房，白天也光线昏暗，需要开灯。

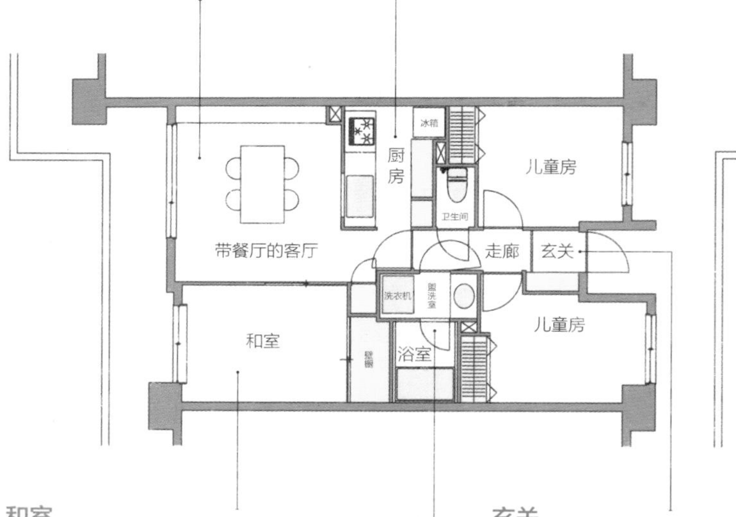


### 和室

原本是主人卧室，但满是杂物，男主人只得在客厅休息。

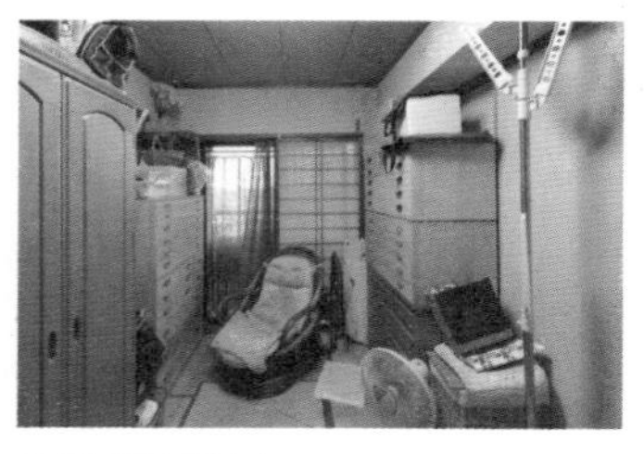

### 玄关

由于光线不足，玄关需要常年开灯。鞋子的收纳空间也不足。

### 盥洗室和浴室

几乎没有收纳空间的盥洗室。浴室里没有窗户。

## 改造后

物品全部放入收纳空间，居室明亮通透，从浴室可远眺富士山。

**改造重点**

- **在白天也需照明的昏暗空间变身为明亮通透的居室。**
- **减少摆放的家具，增设固定收纳空间。**
- **为主人的和服收纳和和服教室创造空间。**

### 盥洗室和浴室

移到走廊对面。浴室里有开窗，入浴时可以穿过厨房，眺望窗外美景。

### 厨房

变身为明亮的开放式厨房。在此可以与家人聊天，也可以边看电视边做料理。

### 卧室

原为长子房间，现改为男女主人的卧室。其中也设有步入式衣帽间。

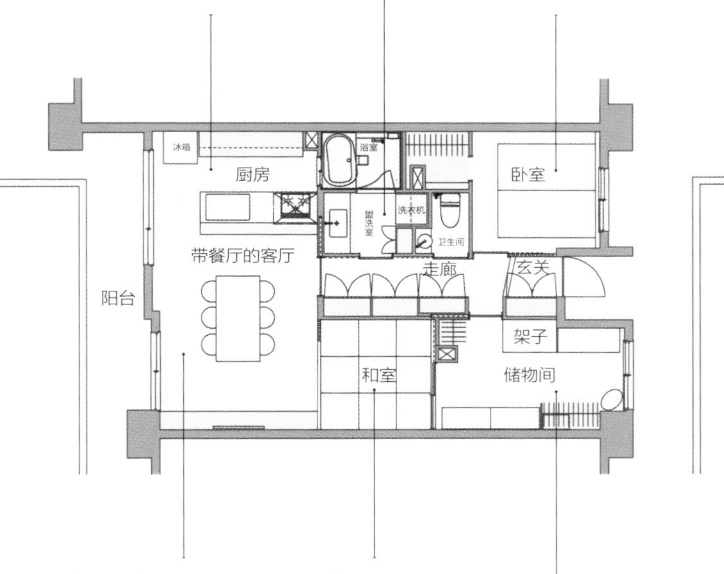


### 客厅和餐厅

变身为宽敞明亮的客厅。没有放置沙发，而是放置了较低的舒适桌椅。

### 和室

装有穿衣镜，变身为女主人穿和服的空间。关上两边的隔门，也可变身为一个单间。

### 储物间

变身为可以收纳大量和服的空间。其中也能安装供和服通风用的横杆。

# 玄关和走廊也变明亮，无须照明

**两个空间并为 1 个空间，宽敞明亮大变身**

拆除了原客厅与和室间的墙壁，变身为全天光照充足的宽敞客厅。墙壁和天花板使用了硅藻泥，可有效吸收宠物的气味。地板采用了防滑的杉木原木。

**木制隔断替代与卧室相连的墙壁，玄关明亮了许多**

以前的玄关即便在白天也光线昏暗。用木制隔断替代了原来与卧室相连的墙壁，玄关因此明亮不少。

**房门部分采用玻璃，将光线引入走廊**

这是从玄关所见的风景。正面通往客厅的房门部分采用玻璃，可让光线透进走廊和玄关。

**从客厅到储物间，是光照充足、通风良好的通透空间**

从西侧的客厅经和室到东侧的储物间，打开房门，3 个房间连为一体，成为通风透光的惬意空间。

# 家人与宠物共享的快乐家园

### 客厅里设有猫步行台

客厅的电视柜周围，采用与电视柜相同的材料设计了猫步行台。爱猫似乎也大为满意。

## 可远眺富士山的浴室

### 浴室开窗与厨房相连

从前因是公寓而不敢奢求的浴室开窗，经改造得以实现，男主人十分欣喜。有了开窗，透过厨房，天晴时可远眺富士山，湿气也易消散，舒适度大大提升。

猫厕原在客厅，爱猫难以安心如厕，现移到盥洗室。

# 扩充主人欣赏和收纳和服的空间

## 闲置的儿童房改为和服收纳间

将原二儿子的房间改为储物间，放入所有和服衣柜，在天花板上打上横杆，便于悬挂脱下的和服。

和室墙上设有穿衣镜，在穿和服时使用。

## 用作和服教室的和室，关上房门，可成一个独立空间

平时全部敞开的和室，拉上里面的拉门和外面的卷帘，即可成为一个独立空间。可用作和服教室，也可作为客房使用。

# 精心打造多处便于老年人生活的舒适空间

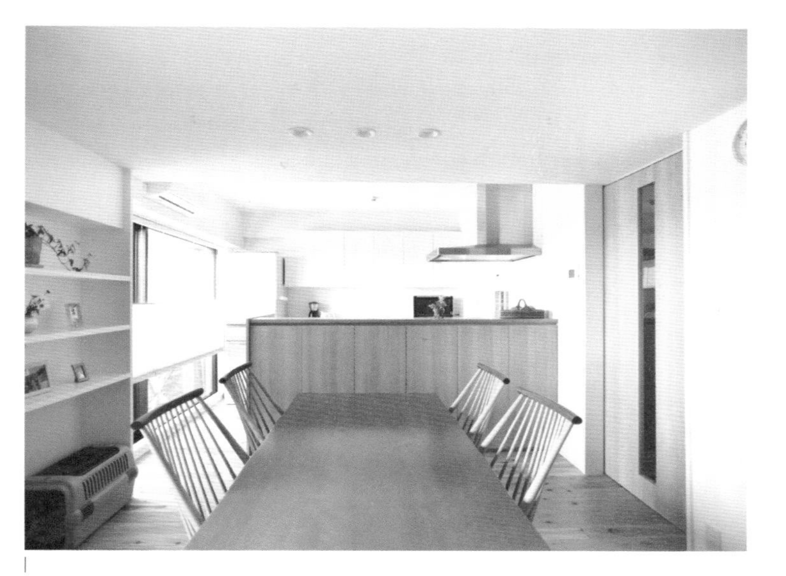

光线充足、明亮温暖的客厅与餐厅，没有摆放家具，让人感觉宽敞开阔。

## 背面收纳空间充足，且便于操作的厨房

旧厨房料理时面向墙，让人感觉孤独。新厨房转向90°，明亮许多。背面有充足的收纳空间，物品都收放整齐，料理和打扫都轻松许多。

## 较低的餐椅代替沙发

带餐厅的客厅面积较小，所以没有放置沙发，而选择了较低的餐椅，也因此调整了餐桌高度，打造出一个舒适放松的就餐空间。

（左）IH 烤箱下设有抽拉式收纳空间，可放置各种锅具。
（右）水槽旁设有垃圾桶，料理时可减少移动。

实例3

# 旧公寓改变收纳空间，变身整洁舒适的居室

东京都杉并区：F家

## 完美融入室内设计的收纳空间

购买二手公寓经常遇到的一个问题就是收纳空间太少，如果想用家具来解决这个问题，需要有相当高的品位及十足的耐心、体力来寻找合适家具。因此，F家明智地选择了入住前进行“收纳改造”。

F家有夫妇二人、一个上大学的儿子和爱猫。为了让全家人和爱猫生活舒适，我们设计了大容量的收纳空间，这些收纳空间完美地融入室内设计，没有任何压迫感，空间宽敞宜人。

**资料**

改造面积：42.25 m$^2$

结构规模：钢筋混凝土公寓

家庭成员：夫妇、次子

## 改造前

几乎没有固定收纳空间，公寓形状不规整，难以摆放家具。

### 起居室、餐厅

大空间共约 25 $m^2$，但不是规整的四边形，难选配家具。

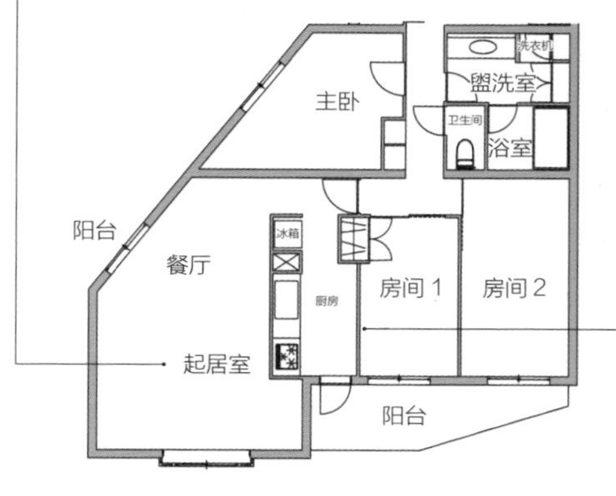

### 厨房

厨房背面没有收纳空间，放置了餐柜等家具进行收纳。

## 改造后

设有大容量收纳空间，物品不外置，家变得整洁舒适。

### 餐厅

厨房背面改为大容量收纳空间，还设有葡萄酒柜。

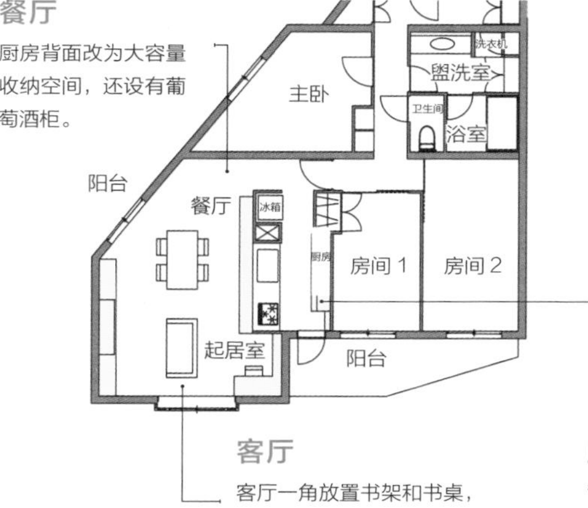


### 客厅

客厅一角放置书架和书桌，打造成一个读书空间。
放置一个低矮面宽的电视柜，空间显得宽阔。

### 厨房

背面墙壁定制整体地柜和吊柜，能收纳大量餐具和杯子。

**改造重点**

- ○ **扩充厨房背面收纳空间。**
- ○ **餐厅增设大容量收纳空间。**
- ○ **为爱猫打造舒适空间。**

# 改造餐厅和起居室，乐享读书和葡萄酒

**壁柜里设葡萄酒柜**

在厨房壁柜一端，为喜爱葡萄酒的女主人和次子安设了葡萄酒柜。关上柜门可完全隐藏。

**起居室一角设有书柜和书桌**

女主人喜爱读书，应她的要求，在起居室一角设置了书柜，作为展示空间。另外，放置了一张小书桌。此处也可作为书房使用。

**餐厅的大容量收纳，让家整洁有序**

厨房壁柜背面设有大容量收纳空间。容易散落在起居室和餐厅的文具、书籍、药品、电脑用品、桌上用品等都可以收入其中。

# 增设背面和台面收纳空间，厨房使用更方便

## 扩充背面收纳空间，厨房杂物不再出现

厨房背面增设了能放置家电的地柜和吊柜，餐具等都可收入其中。墙上的马赛克瓷砖是装饰重点。

## 葡萄酒杯采用悬挂式收纳

吊柜的一部分改为玻璃门，里面设置能悬挂葡萄酒杯的空间。这里面有葡萄酒架，是以前男主人和儿子一起制作的，很有纪念意义。

## 12 cm 深的食品储藏柜

厨房一角设有食品储藏柜。不深但容量惊人，猫粮也放置在这里。关上柜门，如同白墙。

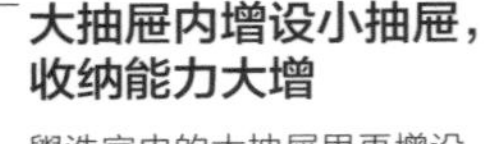

## 大抽屉内增设小抽屉，收纳能力大增

盥洗室内的大抽屉里再增设小抽屉，放置小杂物。外观无异，但收纳能力大增。

# 部分墙面成为装饰核心

## 令人印象深刻的装饰墙成为焦点

打开起居室的房门，映入眼帘的就是这个富有东方情调的装饰墙，提升了整个居室的品位。

原本朴素无华的盥洗室墙面改用装饰性瓷砖，增加设计感。

玄关正面也设置了同样的装饰墙，可在其上悬挂喜欢的物品，享受生活乐趣。

## 设置3扇爱猫可自由出入的门

厨房食品储藏柜的下半部空出，放置猫粮。

3扇门设置了爱猫的出入口，开关门的次数减少，更方便、舒适。

第2章

# 生活动线的解决之道

## 改变复杂动线，打造以人为本的居室

装修改造时，最想解决的就是动线问题。由于生活动线设计得不好，家中无论怎样收拾都杂乱不堪，每天为家务浪费不必要的时间和精力，但因长期生活其中，很多人并没有注意到这种不便。改造后，很多人才意识到“以前自己是过着怎样的生活啊”。

改变动线设计，减轻疲劳和压力，生活舒适度提高，就能从“适应居室而生”转变为“以人为本的生活”。

# 私密区域分散，舒适度大打折扣

您是否有过这样的经历？正在客厅陪客人时，晚起的家人穿着睡衣冲进来……引发这种事情的原因在于家中的私密区域（如卧室、浴室、个人房间等）和公共区域（如客厅和餐厅）的动线交叉。因此，我在房屋改造时常向客户建议的就是“卧室和洗浴等私密区域就近设计”的方案。

在欧美，每个人的房间里一般都带浴室。在日本，难以做到这一点，但通过将水线设计在卧室附近，可以提升舒适度。因类似酒店的空间布局，我称其为“酒店方案”。它能减少家人将私人物品带入客厅和餐厅等公共区域的机会。

## 私密区域集中案例

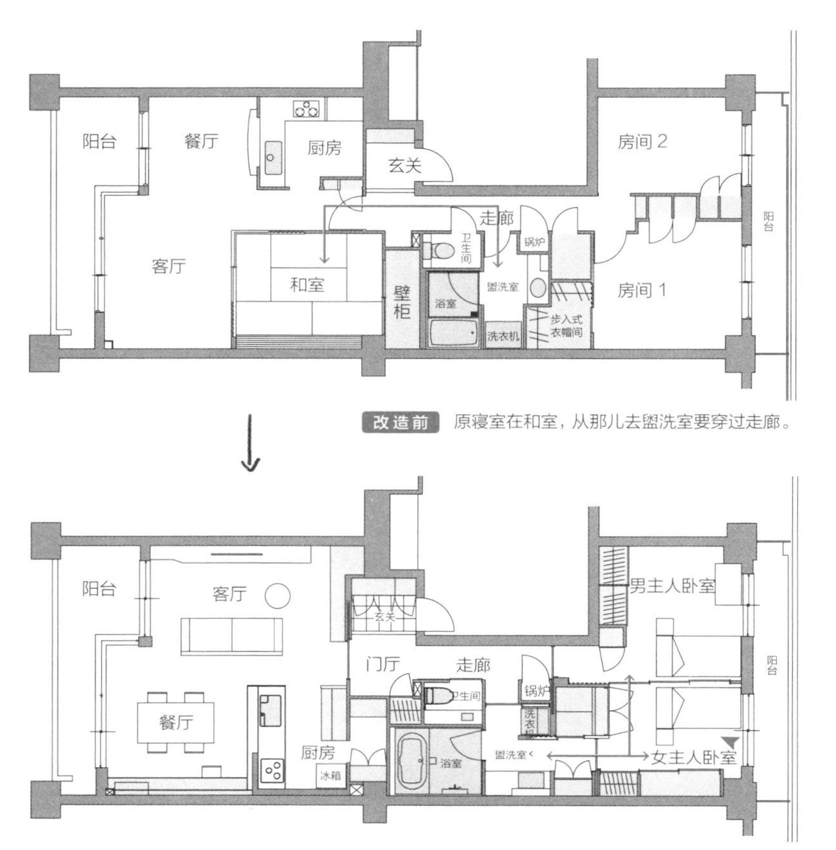


**改造前** 原寝室在和室，从那儿去盥洗室要穿过走廊。

**改造后** 卧室和盥洗室仅一门之隔，可直接前往。根据需要，主卧可划分为男女主人各自的空间。

早晚的洗漱整理所需的动线缩短，舒适度大幅提升。

# 减少上下楼次数的方法

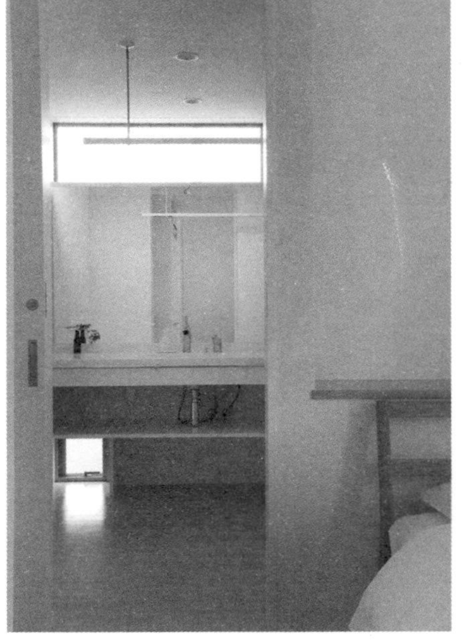

从卧室能直接去盥洗室的话，会方便许多。

许多独栋住房里，浴室、盥洗室在一层，卧室在二层，早晚的洗漱整理必须多次上下楼梯。年轻时还没感觉，年纪大了就感觉到辛苦。

因此，在条件允许的情况下，我会建议客户把卧室移到一层，这样会大大减少每天上下楼梯的次数。

如果条件不允许，我也会建议把浴室、盥洗室移到和卧室同一层的二层。以往的木制住房很难做到完美的防水，所以无法把浴室设在二层，但现在，整体浴室已非常普遍，空间设计也自由许多。

如果一层和二层都设有盥洗室，那么舒适度会大大提升。

## 盥洗室、浴室集中于一层的案例

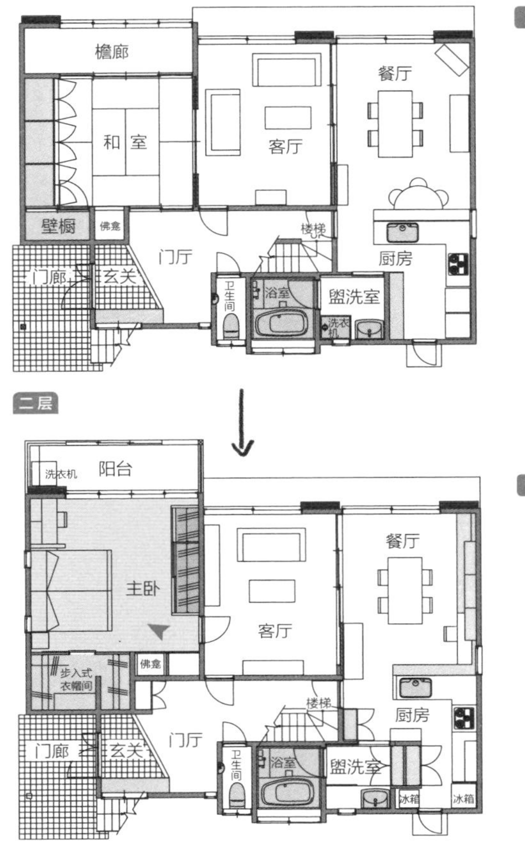


**改造前** 卧室在二层，因此每天要多次上下楼梯。

**改造后** 一层的和室改为卧室，这样大幅减少了爬楼梯的次数，方便许多。

卧室和盥洗室、浴室等在同一楼层，可迅速、顺畅地进行早晚的洗漱整理。

# 『穿堂式动线』设计，让洗漱整理轻松不少

两人可并行站立的大盥洗室。离隔壁卧室的步入式衣帽间很近，可迅速地穿衣打扮，从前面的门可进入走廊，形成一条环绕动线。

越来越多的人在早上淋浴或在盥洗室洗头，但是在日本，家里的浴室和盥洗室多是家人共用的，因此，许多家庭在早晨都一片混乱，令人头痛吧。

在盥洗室里，可做许多事情：除了洗脸、刷牙外，还可梳妆打扮、刮胡子，也有人在这里化妆、选择搭配饰品、戴隐形眼镜。这样想来，盥洗台应该尽可能得大，如果能有两人可并行站立的空间会非常方便。并且，如果盥洗室可从卧室直接出入，那么早晚的洗漱整理会方便许多。

另外，盥洗室和卧室、衣柜形成环形设计的方案，也很适合忙碌的人们，会缩短穿衣打扮的时间。

## 卧室和水线形成环线设计的案例

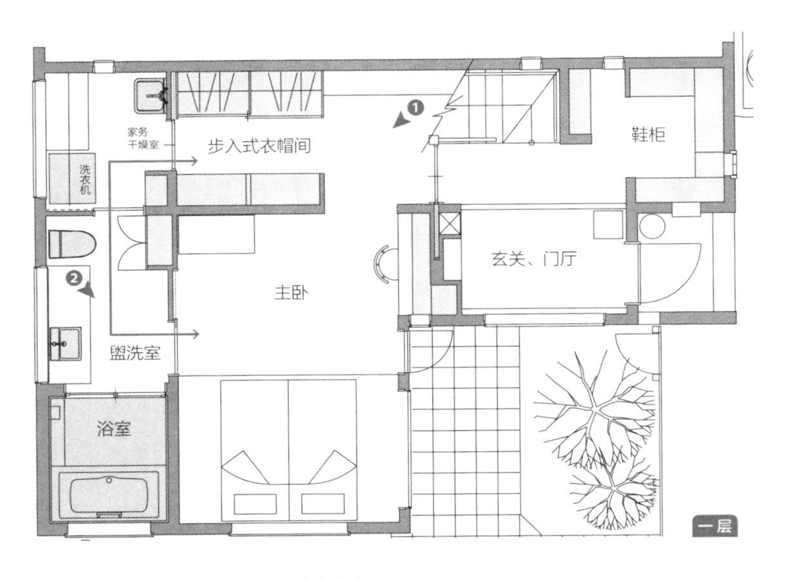


盥洗室为穿入式设计，与卧室和更衣室相连。

①盥洗室旁边为家务室，可去往步入式衣帽间，也与卧室连接，形成环线设计。

②盥洗室直通卧室。浴室前方有厕所。

# 探究乱脱乱放的原因

经常听到这样的抱怨：“丈夫和孩子脱下的衣服随便乱放。总是在客厅换家居服，很乱。”

为什么不在自己的房间而要在客厅换衣服呢？原因大概有以下几种：从外面回来想马上放松，但是衣柜离得太远，特别是卧室在二层的话，上楼换衣服感觉太麻烦了，或者是冬天只有客厅有暖气。

对于以上家庭，我会建议他们在玄关附近专设一处用来挂外套，或者将衣柜设在客厅附近，而不是卧室。

还有一个方案，即给待洗衣物找个临时存放处，这样可以消除衣服乱脱乱放现象，脱下的衣服不会搭放在椅子上。

## 衣柜移到客厅附近的案例

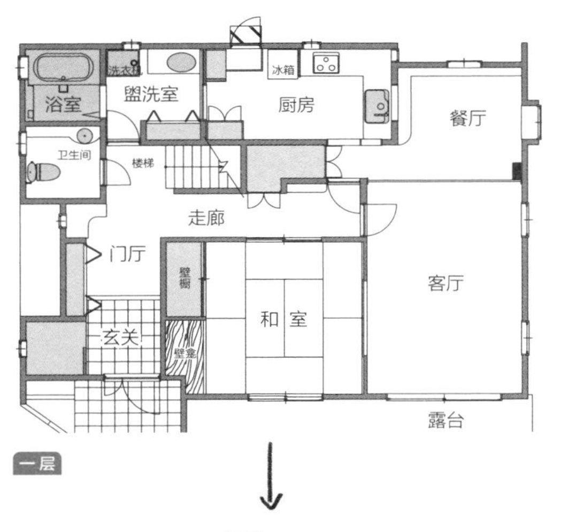


**改造前** 衣柜在二层卧室，因上下楼麻烦，男主人经常在客厅或餐厅换家居服。

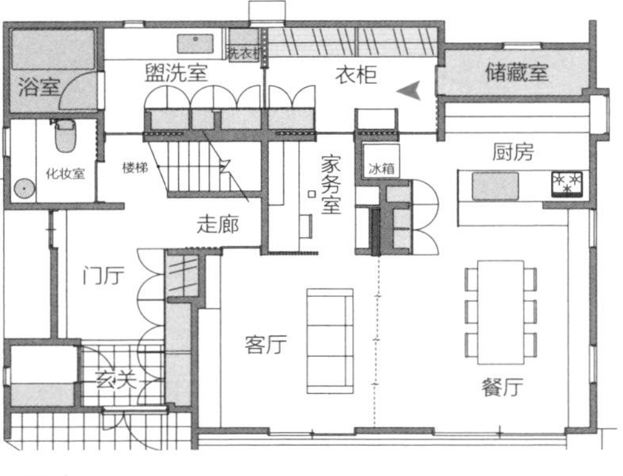


**改造后** 衣柜改到一层，回家后可以马上换衣服，房间不再凌乱。

一层设衣帽间的案例

客厅旁边的衣柜。可通往盥洗室和浴室。脱下的衣服可挂在天花板的横杆上。

# 精心设计洗浴空间，减轻同居压力

单间内专设的盥洗室
拉开衣柜一侧的门，里面竟然是盥洗室。这是一个自己独享的空间，早晚可以自由使用。

在两代同堂的居室改造中，两代人的活动路线尽量不产生交集是生活舒适的关键所在。如果不能做到两代人的活动路线完全不产生交集，那就最好设计一种“交错生活”的空间。

要实现这些设计，关键在于洗浴空间的布局。给两代人分别设计各自的盥洗室，另外去浴室的动线最好能做到不相互交叉。

现在许多家庭是子女一家和丧偶后的老人共同生活在一起的。这时，给老人单设一个盥洗室，就能大大减少两代人同居的烦恼。拥有自己专用的盥洗室，对老人来说是非常必要的，它能大大提升生活舒适度。在里面可以放不愿让别人看到的假牙，早起不必顾及他人，可以自由使用盥洗室，可以慢慢化妆，等等。

# 两代同堂的室内布局案例

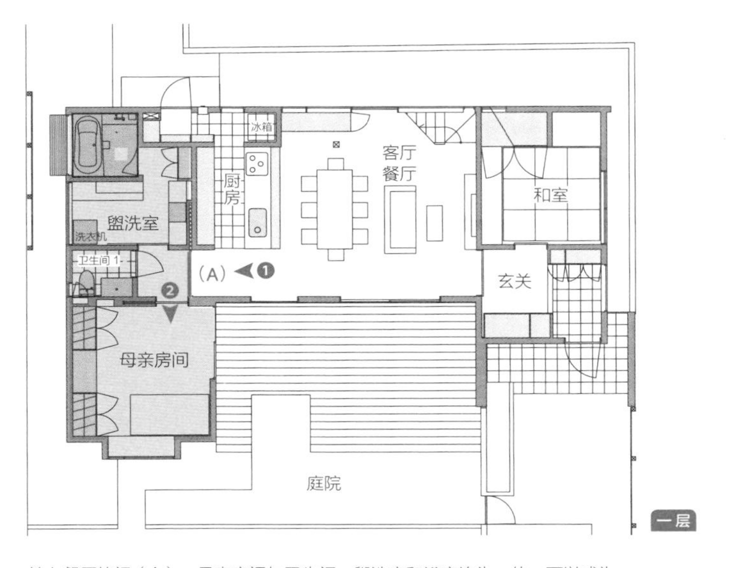


关上餐厅的门（A），母亲房间与卫生间、盥洗室和浴室连为一体，可以成为一个独立空间。来客人时，不必横穿客厅。

①打开里面的门，左侧是母亲房间，右侧是盥洗室、卫生间和浴室。

②母亲的房间。窗户采光好，光线充足，可看到庭院里的绿植。

# 玄关附近设计带洗手功能的卫生间

设在玄关附近的化妆室。里面有镜子，客人可在此整理妆容。

通常来客会使用的空间除了客厅和餐厅，还有盥洗室和卫生间。但是，盥洗室里摆放了较多私人物品，因此，客人洗手的地方与家人使用的盥洗室分开比较理想。

于是，我经常建议客户再设一个化妆室，也就是能洗手、带镜子的小卫生间，在这里客人可解内急、洗手、补妆。化妆室设在玄关附近，就不必将客人引入屋内。与家人常用的洗手间分开，与其他家人的生活动线不产生交集，客人也会安心。

另外，有孩子的家庭，孩子回家后多会使用卫生间，化妆室也可作为回家后立刻洗手的地方使用，非常方便。

玄关

# 外套无须入室

在进入客厅或餐厅前的区域，设一挂外套处。

外出所需的物品（典型的就是大衣和外套），放置在玄关，非常方便，家中也整齐干净。

挂大衣的地方如果远离玄关，会让人觉得麻烦，最终会促使人将外套放在沙发或椅背上，造成家里的凌乱。若衣柜在二层，经常来客人或有孩子的家庭，特别需要在玄关设一挂外套处。如果难以在玄关处实现，也可以在进入客厅前的区域找一空间。

同样地，如果还能放围巾、帽子的话，会更方便；如果能有空间放通勤包，在玄关就能实现从“上班模式”到“在家模式”的转换。这样的话花粉、灰尘也都不会被带入室内，好处多多。

# 提高窗户性能，改善御寒效果

## 简单有效的窗户改造

独栋房屋和公寓住户有时会为防寒问题烦恼。改善御寒情况的一个简单且有效的方法就是将窗户改为双层窗。即便无法做到替换墙壁隔热材料、重新翻修屋顶，仅仅改造窗户，就能带来不错的效果，还可节约时间和成本。

---

## 节能隔声效果佳，特别推荐双层窗

双层窗是原北海道等寒冷地区御寒的方法，最近普及到日本全国。安装双层窗，可以在冬天预防窗户结雾和霉菌产生，又有节能和隔声效果，最近安装的人越来越多。以往有安装双层玻璃即在窗户上再加一层玻璃的做法，与之相比，双层窗的效果更佳。

还有一个简单的方法，就是使用蜂巢结构的保温帘，效果也不错，在此推荐给大家。

# 改善御寒效果的房屋改造重点

## 窗户

### 改为双层窗

在现有窗户里增加一层隔热窗，密封性和保温效果都提升不少。室内开暖气或冷气时可以节约能源，隔声效果也不错。

### 嵌套工艺（施工方法）

在现有的窗框上新增一窗框的施工方法，可免去在墙壁和地板上施工，简单易行，但是有一个缺点，就是开口部分相应减小一圈。

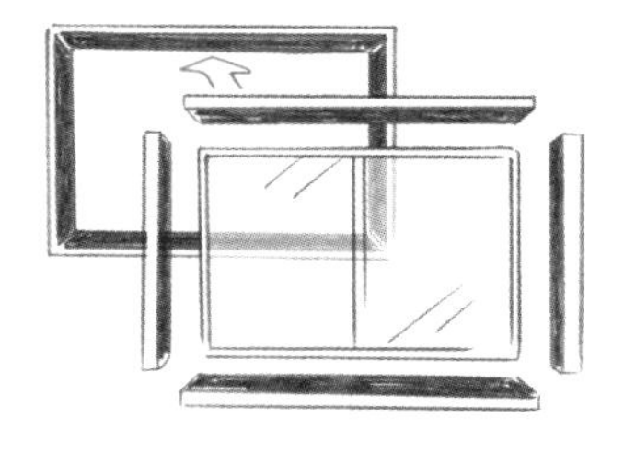

## 保温窗帘

### 蜂巢式卷帘、侧轨

蜂巢式构造的卷帘在室外与室内之间制造了一个空气层，它可阻挡外面的空气进入室内，可有效保温。两侧设“コ”形专用轨道的话，保温效果更上一层楼。

## 其他措施（方法）

### 地板使用保温材料

地板下铺设保温板或保温层，效果也很好。地板下如果有施工空间，就不必拆除部分墙壁或地板，两三天即可完工。

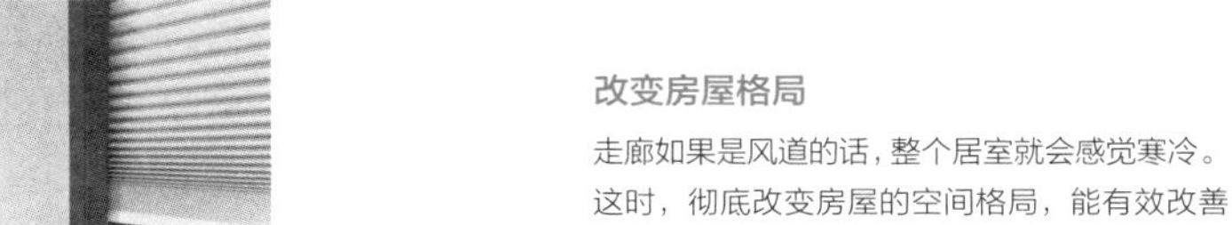

### 改变房屋格局

走廊如果是风道的话，整个居室就会感觉寒冷。这时，彻底改变房屋的空间格局，能有效改善御寒效果。

第3章

# 有效减少家务时间

## 每天做家务的移动距离越短越好

每天做例行家务的时间，越少越好。

洗衣服要在家里走几个来回；总是在不停收拾；做饭太花时间……有以上问题的家庭，房屋布局、设备摆放和家电放置等可能存在问题。

在房屋改造中，如果能缩短做家务移动的距离，做家务的时间会大幅减少，也会减轻身体负担。即便每天仅仅节约 10 分钟，几十年下来也会是个巨大的数字，把节约下来的时间加以有效利用，我们的生活会更丰富多彩。

重新规划家务动线，对保持居室的整洁也有直接影响。

# 『越大越好』的误区

冰箱和微波炉都触手可及

原来厨房的水池和冰箱相距较远，移动需要花费不少时间。改造后，缩小了二者距离，料理方便，整理便捷。

很多人都想把厨房改造成便于料理的地方。也许有人认为厨房越大越好，但实际上并不是这样的。

比如，如果冰箱和水池相距较远，料理时来回移动的距离会很长；餐具柜如果远离水池，整理时也会多花时间。如果通常是一个人做饭的话，厨房还是小点好，便于使用，也便于料理和餐后整理。

我经常向客户建议一种“面对面式厨房”，即去除厨房墙壁，面向餐厅的开放式厨房。背面设地柜，台面可放置厨房小家电等，厨房用品均在伸手或回头就可及范围内，方便快捷。厨房操作台和背面橱柜的间距不要过大，以 75 ~ 80 cm 为佳。

## 衣柜移到客厅附近的案例

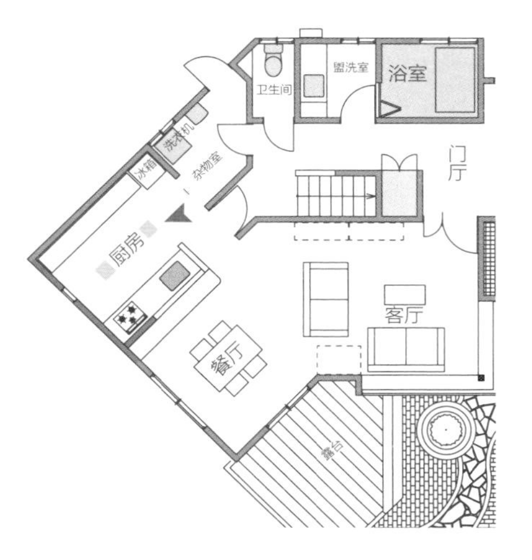

**改造前**

厨房通道过宽，料理时移动距离长。

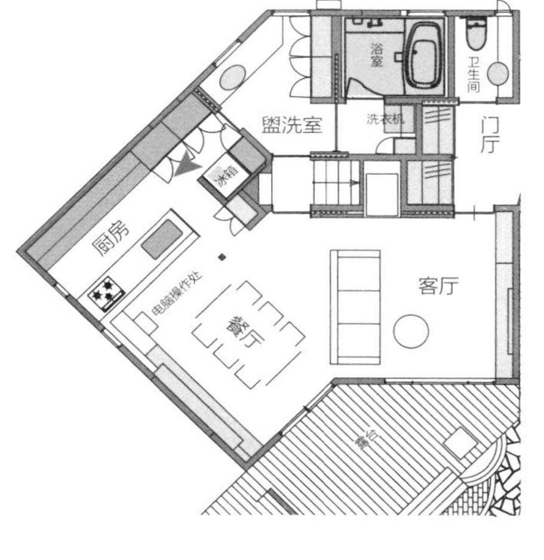

**改造后**

缩窄厨房通道,扩充收纳空间。

# 打造无须走动的料理空间

触手可及的收纳

水槽下设有抽拉式垃圾桶，使用很方便。开放式架子可放置清洁后的锅具，拉开即可拿取。

厨房各种设备的放置或收纳场所不同，也会造成厨房使用便捷性的差异。

比如，垃圾桶如果离操作台过远，做饭时扔垃圾会很麻烦，操作台也容易凌乱；微波炉离操作台较远的话也不方便；微波炉附近如果有调味品会更便捷；洗碗机后面如果有餐具柜，那么整理起来会很轻松。

整体厨房以往多为开门式收纳，最近容量更大的抽屉式柜体越来越普遍，还有部分采用开放式架子，一拉就可轻松地拿到锅具，非常方便。

常用的物品放置在自己视线可及或触手可及的地方收纳为好。

## 厨房改造的案例

**改造前**

双开门式柜体，寻找物品不便，也不易拿取物品。

**改造后**

抽屉式柜体，所有物品一目了然，容易拿取，便于整理，容量大。

抽拉式滑动架，方便极了

抽拉式滑动架，在需要时拉出就可取用，方便极了。

# 餐厨一体反而效率低下

日本人用餐已从正坐在榻榻米的小矮桌周围改为使用西式饭桌，伴随着这种变化，从 20 世纪 70 年代开始，厨房和餐厅一体化设计流行开来，但是这种设计并不实用。饭桌把厨房和餐柜、家电分隔开来，做饭时需要多处移动。另外，食材和餐具也多放在餐桌上，凌乱不堪，令人烦恼。

除了吃饭，餐桌有时又是学习或看报的地方，但和厨房在一起，总让人难以心安。

改造后，厨房和餐厅分离，生活舒适度大幅提升。厨房里虽然没有桌子，但背面设有可放餐具和厨房家电的地柜，可以收纳所有物品，非常方便。

# “餐厨一体”变身“餐厨客一体”的案例

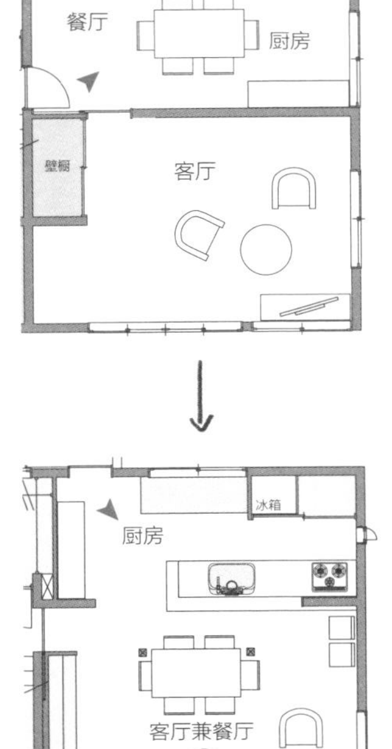


**改造前**

餐桌经常成为堆放厨房用具和食材的地方。料理时，障碍物过多，很不方便。

**改造后**

经改造，厨房独立，便于操作，餐桌也不再凌乱。

从餐厅看不到操作台。紧凑的厨房，操作时动线缩短，方便了许多。

# 便于家人参与的收纳设计

小碟子、刀叉等放在餐厅
吃饭时使用的小碟子、刀叉、茶杯和高脚杯等，放在餐桌附近为好，动线短，使用方便。

外出工作的家庭主妇越来越多。若要减轻主妇们的家务负担，家人的协助是必不可少的。若想方便家人参与家务，简单易行的收纳是关键。另外，尽量让动线不交叉也很重要。

例如，将经常使用的小碟子、刀叉、茶杯等收放在餐厅的话，女主人在厨房做饭时，就可以让其他家人帮忙准备餐桌。要做到这点，餐厅里就得有大容量收纳空间。我在房屋改造时，经常建议客户在餐厅设置大容量的固定收纳空间。

重要的一点是，所有物品都有自己固定的收纳位置，易找易收，这样，家人就不会总问“那个东西在哪儿”，用完后也方便放回原处。

厨房

# 打造主人心仪的个性化空间

女主人喜欢腌制咸菜，因此在厨房的后门设有大咸菜缸和简单洗手处。

因在家里开设面包烘焙教室，专设了放置烤箱和其他烘焙工具的空间。

每个家庭对便捷厨房的具体要求是不同的：喜欢做腌制食品的家庭需要大容量的食品储藏柜；喜欢烘焙的家庭需要空间放置烘焙工具和烤箱；有的家庭需要收纳料理机、高压锅等厨具；有的家庭有自家菜园，需要存放大量蔬菜。

趁着房屋改造的机会，我们都想打造一款适合自己生活的厨房，而不是被动适应现有布局去生活。因此，要让设计师理解自己的需求，最初的面谈是非常重要的。如果可能的话，我建议您请设计师看看待改的厨房。

# 临时悬挂设计，减轻洗衣负担

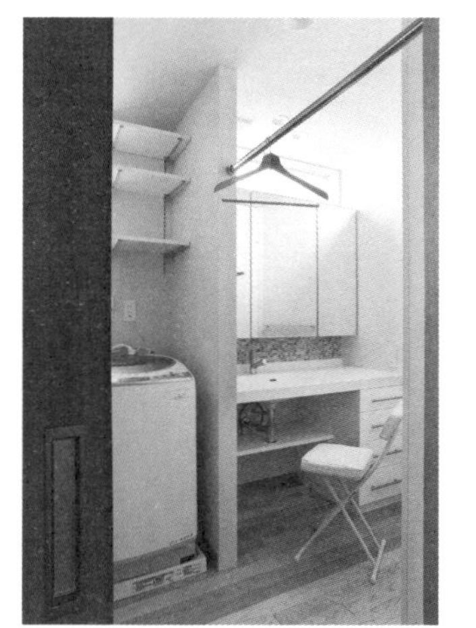

洗完的衣物可以临时悬挂在这个衣架上，再拿到室外。

利用天花板和墙壁，可以设置两根晾衣用的横杆。这样雨天也可以晾晒衣物，非常方便。

房屋改造时，我经常向客户提的建议是，设置一个临时晾衣处。

洗衣机旁设一个可悬挂衣物之处，非常方便。你可以在室内而不是室外，完成将一件件衣物褶皱拉平晾晒的工作，避开严寒酷暑。

下雨天也可以在此晾晒衣物，衣物没有完全干透时，也可晾在这里。另外，如果临时晾衣处向阳，就可在室内晾晒衣物，适合双职工经常晚归的家庭和有花粉症的人。

## 干燥机

# 无须晾晒的干衣选择

家有两个幼子，每天都要洗涤大量的孩子衣物，此时干燥机可大显身手。

在客户的住房大小和预算允许的前提下，我越来越多地建议客户安装衣物干燥机。它不但可以省去晾晒衣物的时间，大大缩短家务时间，减轻负担，还可以在下雨天和晚间洗衣，对有孩子的家庭和双职工家庭来说都非常方便。

如果选择干燥机，我推荐燃气干燥机。使用煤气比电划算，且花费时间短。毛巾等干燥后蓬松柔软，有花粉症的人也可放心使用。

干燥机的安放位置，一般是在洗衣机的上方，因为需要在墙壁安装管道，许多家庭觉得安装麻烦，正好趁着装修可以考虑一下。忙碌上班族的得力帮手——衣物干燥机，将会像洗碗机一样普及开来。

# 晾衣处旁放置洗衣机，方便百倍

晾衣台在厨房外，因此，将洗衣机放置在厨房里。不用时，可拉下卷帘门将其隐藏其中。

或许有人固执地认为洗衣机应该放置在盥洗室内，但那不一定是最佳选择。如果洗衣机离晾衣处较远，在重新装修考虑房屋布局时，可以将洗衣机移到晾衣处附近。

晾衣台在厨房附近的话，将洗衣机放在厨房一角是个不错的办法。如果放在走廊里，可以用拉门或卷帘来遮蔽。

移除洗衣机还有一个原因是为了扩大盥洗室的使用面积。公寓里常见的房屋格局是盥洗室过小，几乎没有收纳空间。如果把洗衣机外移，就可扩大盥洗室的使用面积，增加收纳空间。

洗衣机如果放置在盥洗室（脱放衣物处）至晾衣台的动线上，那就没有问题。

## 洗衣机移至晾衣台附近的案例

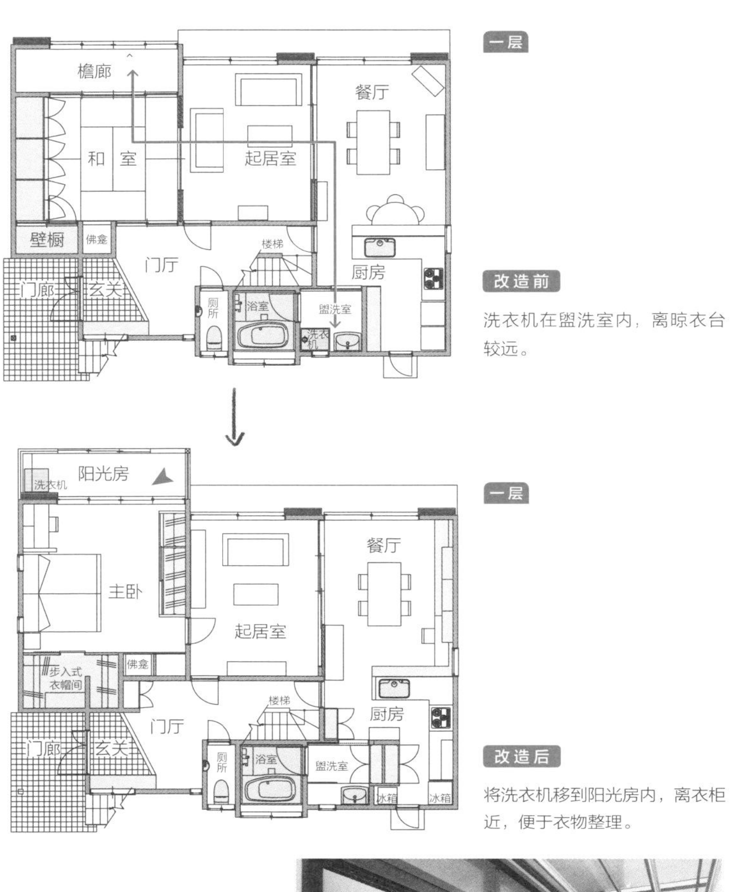


一层

改造前

洗衣机在盥洗室内，离晾衣台较远。

一层

改造后

将洗衣机移到阳光房内，离衣柜近，便于衣物整理。

将洗衣机从狭小的盥洗室里移除

为了扩大盥洗室的使用空间，将洗衣机从盥洗室移到阳光房内。洗衣机在卷帘遮蔽区域内，从居室看不到它。

# 你家的衣物是否堆积如山？

晾衣台附近有衣柜，方便百倍

晾衣台附近有衣柜，可以将洗好的衣物迅速叠放至衣柜内。需要悬挂的衣物连同衣架直接移至衣柜内即可。

你家洗好的衣物是否堆积在客厅？或者，你是否有过这样的经验：去别人家拜访时，主人告诉你“不要打开这个房间，里面堆的全是衣服”。当晾衣台或干燥机离衣柜很远时，容易发生以上的情况。

如果在晾衣台或干燥机附近有叠放衣物处，晒干的衣物就可以马上被收拾整理。如果附近有熨斗，在收入衣柜前可稍微熨烫，会方便许多。

有人喜欢在客厅熨烫衣物，这时，在客厅附近放置熨斗和熨衣板会很方便，如果放得过远，搬来搬去很麻烦，也会造成待熨衣物堆积如山的现象。

## 家务空间设计案例

不用时可折叠收入抽屉中。

只在使用时出现的熨衣板

餐厅的收纳柜中设一个放置熨衣板的地方，使用时拉开即可。下面可放熨斗。

盥洗室里设家务空间

在宽敞的盥洗室里专设一角做家务空间，可以在此晾衣或熨衣。

# 房屋布局由水线决定

## 有些公寓因结构无法改动水线

在计划通过装修改变房屋布局或动线设计时，要考虑的关键点是厨房、浴室等水线管道能否改动的问题。特别是公寓房，自由度没有独栋房屋那么高，可能会有管道线路无法改动的问题，装修时要先确认这一点，对于房屋布局非常重要。

## 如果水线能改动，装修设计将大不一样

如果能改动浴室、盥洗室等的水线，房屋布局的自由度将大大提高，动线设计可发生翻天覆地的变化，将水线移至卧室附近，提升居住舒适度。

很多人认为，像能否改动水线这样专业的问题自己难以判断，我教给大家一个方法（见下页）可以大致预判。另外，即便有的公司告诉您不能改动，去别的公司问问可能就可以，所以，建议您多问几家，不要轻易放弃。

# 水线能否改动的考查要点

## 浴室

### 地板构造可分为 3 类

请您从公寓管理处要来“剖面图”“平面图”，参照下图，看看自家的地板属于哪种类型。A 类多见于老旧公寓，地板和水泥地之间没有空隙，被称为“直接铺设地板施工工艺法”，这种类型水线难以改动。B 类是仅水线部分采用 C 类方法的“阶差工艺法”，水线部分可改动。C 类是新公寓常见类型，被称为“二层地板施工工艺法”，房屋格局可部分改变。

◎ A 类

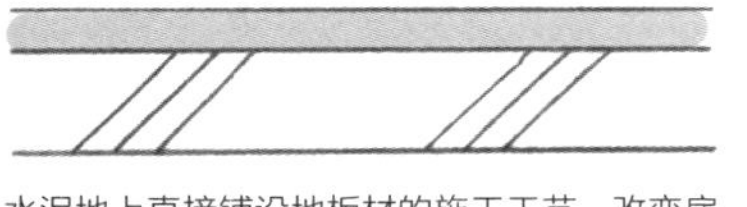

水泥地上直接铺设地板材的施工工艺，改变房屋格局的自由度较小。

◎ B 类

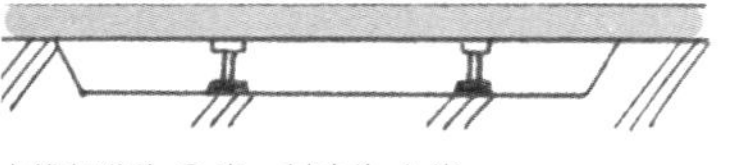

水线部分为 C 类，其余为 A 类。

◎ C 类

水泥地上铺设可隔声的带撑脚的地板材，形成二层结构。

## 厕所

### 管道布局各不相同

管道类型不同，所受局限各不相同。下图中，A 类管道布局在墙面，属“横排”，不宜改动；B 类属“地板排水”，可改动，但因厕所的排水管口径大，需要一定的坡度，大的改动通常也较为困难。

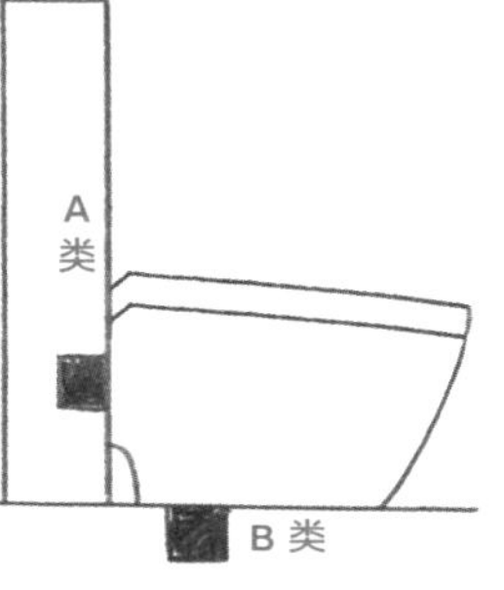


## 厨房

### 关键点是排气口和横梁位置

排水口在较靠上位置（水槽下部）时，可以用排水管沿墙走线的方法，改动其位置。只是要根据横梁位置，考虑排气管的线路。

第 4 章

# 打造个性空间，尽享多彩人生

## 适应家庭变化，改变空间布局

我经常听装修完毕的人高兴地说：“以前我喜欢外出，现在觉得待在家里更舒服。”趁着装修，打造一个方便、舒适、充实的个人空间非常必要。

孩子长大后，家长属于自己的时间增多了，有人想拥有学习或娱乐的个人空间；有人和宠物一起生活，想拥有照顾宠物的空间；还有人面临退休，想拥有自己的书房。生活发生改变之时，就是装修改造的绝佳时机。装修，可以让您的生活变得丰富多彩。

# 退休男主人需要的书房

孩子独立搬出后，将孩子房间改为书房。书柜占了一整面墙。

许多男性都想拥有自己的书房，想拥有一个看书、写字、用电脑的独立空间。退休后待在家里的时间很长，这种诉求就更强烈了。也有人想考某些资格证书，需要学习的空间。

孩子长大离开家后，将孩子的房间改为书房，这是最常见的。另外，还可以将使用率不高的客房或和室改为书房，或把步入式衣帽间的一部分改为小书房。书房里除了书桌外，还要有书柜。书籍多的话，可以设计从天花板到地板占据整面墙的、进深等同于书本尺寸的薄型书柜。

即便无法保证有一间独立书房，也可在卧室一角放置书桌或书架，打造一个读书空间。

## 男主人的书房

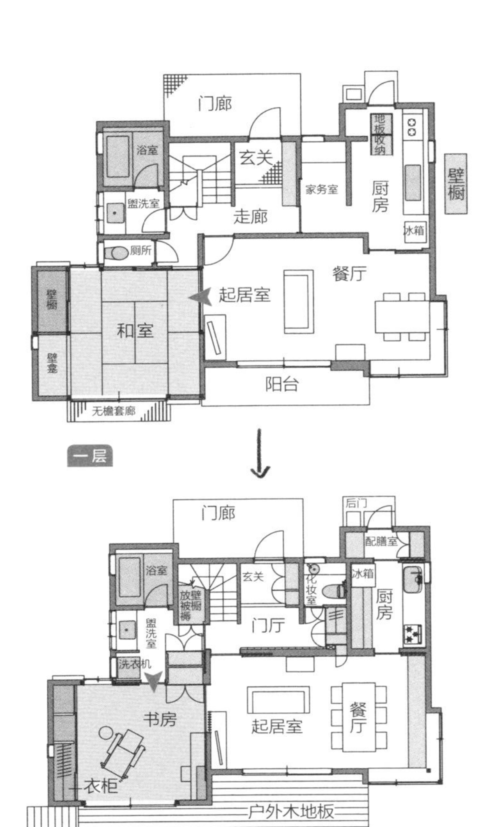


**改造前**

和室里有矮桌，用于电脑操作。房间有时也作为客房使用。

**改造后**

房间改为男主人书房。壁龛和壁橱改为大容量衣柜。

男主人退休后，将和室改为书房，可在此读自己喜欢的书，享受慢生活。墙上挂有电视机。将来也可以改为卧室。

# 女主人的工作间，设在厨房附近最方便

厨房入口处设置的迷你空间
在厨房入口处设置女主人的操作间，可以在这里记账、用电脑搜索美食。

厨房里设女主人的操作间
厨房旁边的台面是女主人的工作空间，可以写字、用电脑，吊柜和背面的书架可以放置大量书籍。

拥有自己独立空间的女主人很少，很多人都说“自己的位置在餐桌边”。

夫妇双方都拥有各自的独立空间是最为理想的。女主人如果也有自己的独立空间来学习、娱乐、操作电脑，那么生活的满意度会大幅提高。这样，可以完美完成从学习或娱乐模式到家务模式的转变，餐桌的凌乱情况也可减少。

女主人的独立空间，不像男主人的书房那样必须有个独立房间，可以设在厨房或餐厅的一角，使用更方便。做家务的间歇可小坐一下，移动距离大大缩短。除了桌子外，若有小小的书柜或收纳空间，会更便于使用。

餐厅

# 操作电脑不再寂寞的空间改造

将厨房一部分改为电脑操作空间
将厨房背面收纳的一部分改为电脑桌，左边的手推车可放置打印机等配件。

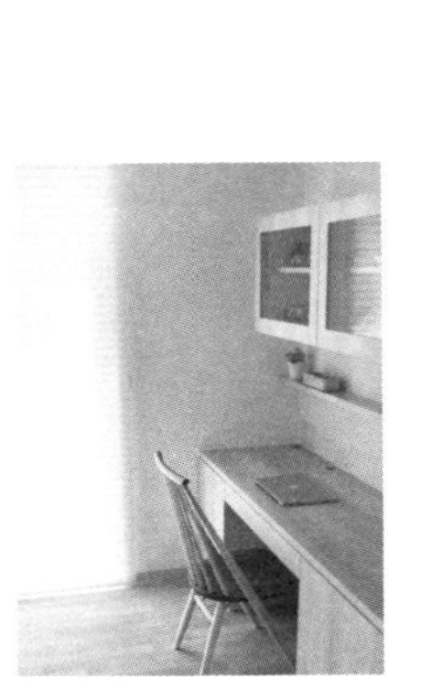

利用餐厅收纳空间
将餐厅收纳柜的一部分掏空，放入椅子，变为电脑操作空间。

很多人想在节假日尽情与电脑相伴，家里的电脑若是在一个单独房间里的话，经常会听到女主人抱怨“丈夫憋在房间里不出来”。

家人共用的电脑最好放在餐厅附近，无须设专门的电脑桌，利用餐厅收纳柜的一部分，只需将其改为可放入椅子的空间，就能打造电脑操作空间。椅子可以兼做餐桌用椅。

如果电脑设在餐厅，家人可以一起制订出行旅游计划等，非常方便。

电脑附近，要有放置打印机的空间。关于打印机，有的家庭仅偶尔使用，我建议选择带脚轮的推车或抽拉式收纳型，只在需要时拉出来使用。

# 改变料理台方向，打造明亮厨房

不少家庭的厨房光线不足，即便是白天也要开灯照明才能做饭。在旧式住宅中，面壁操作的料理台设计不少。这样的厨房设计，有时会让在厨房忙碌的人感到些许孤独。

房屋改造中，仅改变料理台的方向，就能打造出明亮舒适的厨房。我经常向客户建议的是“面对面式厨房”，即料理人面向餐厅而立的设计。这种厨房，只要加入高台，从餐厅一侧就看不到料理台。另外，因与餐厅没有间隔，感觉整个空间很大。更重要的是，在厨房忙碌（做饭或收拾整理）时，可以看到家人，可以和家人聊天。也可以穿过餐厅看到阳台的绿植，使人心情舒畅。家人也可以看到厨房里忙碌的人，更易于帮忙。

## 料理台改变方向的案例

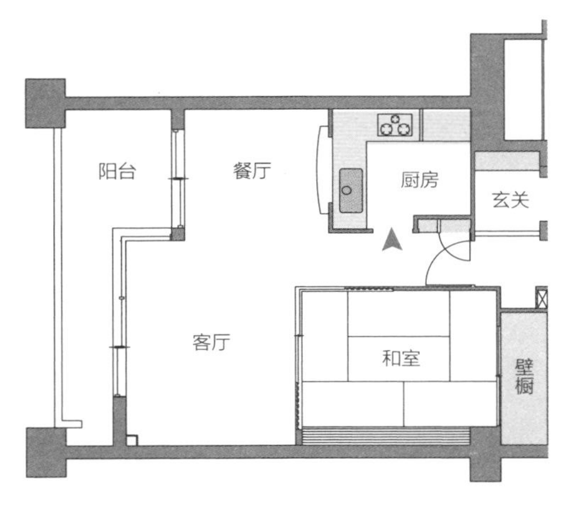


**改造前**

这是一个白天也需开灯的半开放式厨房。需要长时间面壁操作。

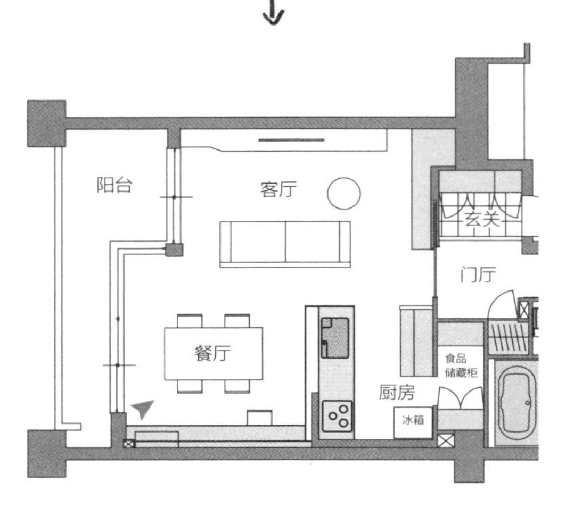


**改造后**

改为一个开放式厨房。改变了料理台的方向，变身为可边操作边和家人对话的厨房。

# 热爱烹饪之家的核心厨房计划

在带餐厨的客厅中心位置设岛型厨房

超大的带餐厨的客厅，约 29 $m^2$，在其中心位置，为爱好烹饪和面包烘焙的女主人特意设计了岛型厨房。

我想强调的是，每个人的生活都各不相同，在一个相同的空间格局里实现各自不同的理想生活，这是不可能的。在装修改造时最重要的一点是，根据自己的预算和条件，弄清自己理想的生活方式是什么样子的。装修改造不是从几个现成的设计方案中选出一个，而是按照自己的理想生活方式去重新考虑空间格局。特别是想借装修享受退休生活的家庭，房屋改造计划要能实现自己理想的生活方式。

例如，喜欢烹饪、常在厨房花费大量时间的家庭，我建议，可以如上图所示，将厨房设在居室中心位置。爱好读书的家庭，可以在客厅整面墙摆放大型书柜。喜欢书法绘画的朋友，在家中阳光充足、景色优美的地方，设一可静心练习的房间，也是很不错的。

# 只有妻子下厨吗？

设计高低层次，打造便于夫妇共同操作的厨房
按照女主人身高，将灶台降低 10 cm。这样的设计更利于夫妇共同操作，男主人在水池边处理食材，女主人在灶台忙碌。

改变厨房操作台和背面柜台的高度
厨房操作台和背面的收纳柜有 10 cm 高度差，这样女主人在厨房忙碌时，便于男主人在背后收纳柜帮忙。

厨房操作台的高度如果不符合料理人的身高，会给身体带来不必要的负担，难以操作。趁着装修改造厨房的机会，我建议大家重新考虑操作台的高度问题。

时代已发生变化，现在不仅女主人在厨房忙碌，双职工家庭里，男主人进厨房的机会大大增加，退休后男主人开始做饭的家庭也不少。另外，孩子们长大成人后开始进厨房做饭，或者有时会请孩子的伴侣帮忙做饭。因此，我建议在厨房设计上考虑高度差，将厨房打造成一个家人便于共同协作的操作空间。

也请大家充分发挥自己的聪明才智，多考虑“料理人不感孤单的温暖厨房”方案。

# 无法进行背面收纳的解决办法

这是一个 60 多岁独身女性的厨房。没有可设计背面收纳的空间，只能充分发挥厨房台面和吊柜的收纳作用。

厨房设计中使用最方便的类型是料理人面向餐厅操作的“面对面式厨房”，背面设充足的收纳空间。但是，有时因为客户想给餐厅和客厅留有充足的空间，所以无法达到这样的要求。

这时，还有一个解决方案，就是将厨房设在靠墙一侧，上方设吊柜，扩充收纳空间。

吊柜有几个缺点，比如“物品不好拿出”“看不见里面物品”等。为了让吊柜用起来更便捷，我们要想想办法。比如，适度降低吊柜的高度，扩大伸手可触及的范围；将物品集中放在塑料盒或篮子中，便于抽取，在上面贴标签也是一个好办法。半透明的塑料盒，基本可以看见里面的物品，外观也整齐干净，避免凌乱，推荐大家使用。

# 开放式厨房变身案例

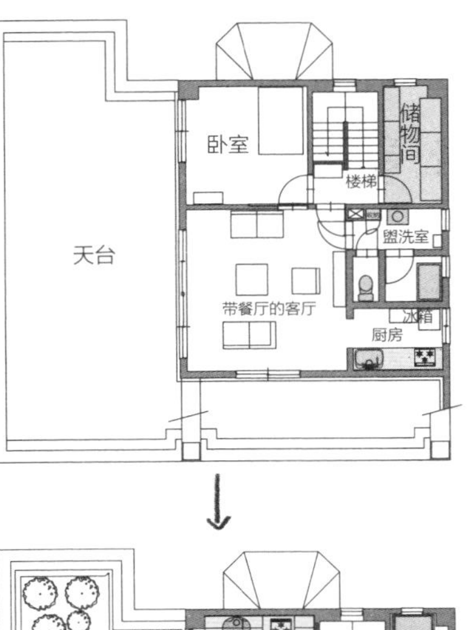


**改造前**

厨房是封闭式的，在北面，阳光照射不到，收纳空间也不够。

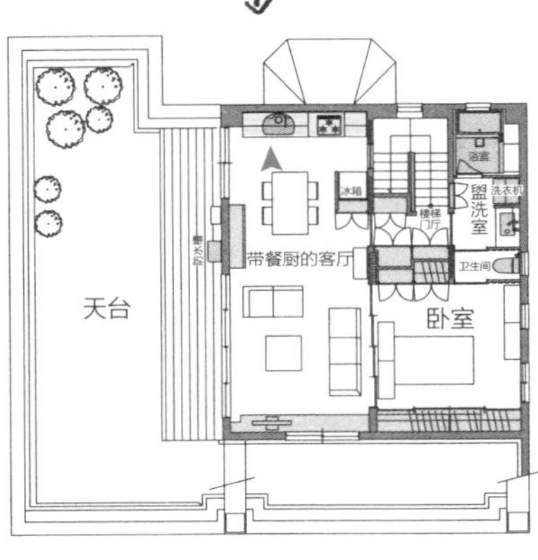


**改造后**

将厨房移到阳光充足的南面，考虑到让原来与客厅一体的餐厅独立，所以采用的是开放式厨房，没有采用“面对面式”。

水槽下面的收纳空间。抽屉里还有小抽屉，可以一次性拉开两个抽屉。常用的物品放在抽屉外侧，便于取用。

吊柜里的收纳，使用能看到容器内具体物品的半透明塑料盒，连同容器一起抽取会很方便。

# 无心理压力的夫妇适宜距离

关闭拉门就能分成两个卧室

用拉门可以将卧室分隔开，夫妇的就寝时间和起床时间相差很大时，不会影响对方，非常方便。

不少夫妇的卧室是独立的，因为难以忍受对方打呼噜，或者因就寝和起床时间各不相同，很多夫妇是分房睡的。但是，随着老龄化的到来，一方身体抱恙时，如果卧室相距较远，不利于迅速发现异常，不便于照顾对方。

因此，我建议将夫妇卧室简单分隔的方案。两张床之间留有空间，用拉门分隔，关上拉门就能分隔空间。不想自己的动作影响对方时，就关闭拉门；身体不舒服时，就打开拉门便于家人照顾，使用很灵活。

另外，如果使用一张双人床，床垫分开，自己的动作也不会影响对方，可保证睡眠质量。

# 卧室简单分隔计划

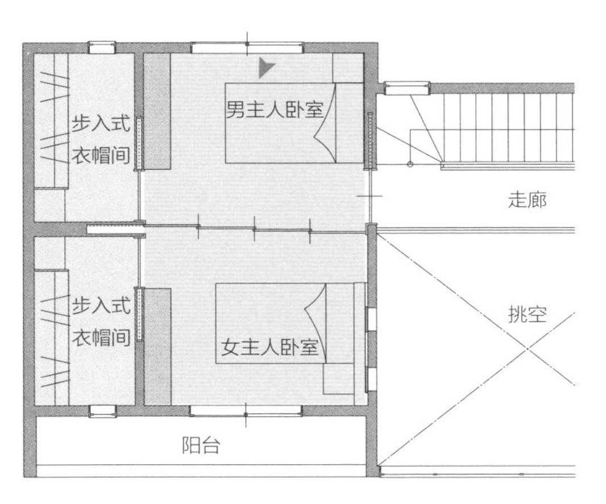

各自带有衣柜的两个寝室。打开拉门就能成为一个空间。

两张单人床并排使用

将两张单人床连在一起就可作为双人床使用，床垫分开，发出的声响不会影响对方，方便舒适。与分开放置两张床相比，空间更大。

# 在餐厅里打造学习空间

餐厅里收纳柜的一部分改为桌子，变成孩子们的学习空间。

孩子们的活动空间随着他们的成长而不停变化。婴儿时期活动多在客厅，所以在客厅一角铺设榻榻米，会很方便。幼儿时期的活动多在厨房里的妈妈能看到的地方。

很多家庭的孩子在上小学期间，作业都是在餐桌上完成的。因此，我建议，如上图所示，将餐厅的收纳柜一角改为孩子的学习空间。

餐厅里如果有空间收纳孩子们的学习用具、书包、幼儿园背包等物品，会很方便。有条件的话，可以在餐厅里放置上保育园、幼儿园孩子要穿的衣物，那么早上的准备全可在这里完成，会轻松许多。

但是，也要注意，随着孩子的成长，他们会需要独立的房间。

孩子们的学习空间设在餐厅收纳柜一角。妈妈在厨房就可看到孩子们。

书包、校服等也放置在餐厅，早上的整理准备都可在此完成，非常方便。

学习用具的收纳空间设在墙内，拉上拉门就看不见。

# 考虑过孩子们10年后的需求吗？

姐弟房间将来可以分成两个独立房间

现在 3 岁的姐姐和 1 岁的弟弟的房间。计划在孩子长大后，中间用拉门分成两个独立房间。

有时听客户说“让孩子在餐厅学习就行，不需要独立的儿童房”，但是，我认为，到了一定的年龄，一定会需要儿童房的。孩子自己的物品越来越多，要学习自我管理，青春期的孩子也需要一个独立的空间，这非常重要。

有兄弟姐妹的家庭，小时候可以一起玩，共用书籍、玩具等，但是异性兄弟姐妹一定会各自分房，即便是同性兄弟姐妹，很多人也想拥有自己独立的房间。

因此，我建议儿童房“空间布局可变”。也就是根据需要，可用拉门将房间分为两个独立空间的方案。分隔方式可以是上下分，也可以是左右分。

## 空间可变的儿童房案例

**小学时**

姐弟俩共用一个房间，书桌并排摆放，两张书桌的隔断部分兼做书柜收纳。床在上层，用梯子上下。

↓

**中学时**

姐姐上中学后，共用房间中间加增墙壁，分为两个独立房间。

↓

**大学时**

伴随着成长，自己的物品越来越多，整个下层空间都变为弟弟房间。

扩充二层空间作为姐姐房间，左手边设有楼梯。

# 宠物和主人们共享的舒适之家

在起居室设置猫步台
为了让宠物在室内也能运动，在客厅设了猫步台。可以看到爱猫在这里上下玩耍的可爱姿态。

日本国内某统计数据表明，现在每 3 户家庭中有 1 户家庭饲养宠物，最近允许饲养宠物的公寓也增多了。主人和宠物共同居住的理想居室，不是需要哪一方做忍耐牺牲，而是双方都能舒适地、毫无压力地生活的空间。

有宠物的家庭进行装修时，要考虑的问题有宠物的笼舍、进食处和厕所该如何设置。关键是所选位置要尽可能不影响主人的生活，又便于打扫。

为了避免室内所养宠物运动不足的问题，我建议在室内设猫步台，选用防滑材料，减轻对宠物脚部伤害。

连接各房间的房门上可设宠物专用的小开口，这样，宠物上厕所时，就无需主人起身帮它开门，双方都方便。

## 便利的宠物设施设计案例

宠物散步用的工具收纳在玄关

与爱犬出去散步时要用的牵引绳、玩具等物品放置在玄关。

客厅墙内设宠物笼舍

楼梯下不规则的墙体内设宠物笼舍，不占用客厅空间，宽大空间任意使用。

开设宠物可自由进出的小门

在房间门上，开设小口，爱猫可用头拱开。这样，在它要上厕所时无需起身为它开门，也不必常常为它打开房门，开空调时更加便于使用。

## 宠物餐桌的设计案例

餐厅柜的一部分改为宠物进食处

餐厅里设开放式置物架，其下层部分改为宠物餐桌。宠物在此进食，宠物粮食不会撒满室内。

宠物餐桌设在厨房的收纳空间下部

将厨房一角的食品柜下层设为开放式的空间，作为宠物进食处。

上面的食品柜存放宠物罐头等，非常方便。

# 宠物厕所的设计案例

设在洗脸台下部

宠物厕所要设在避开客人视线，便于打扫整理的地方。因此，将洗脸台下部改为开放空间，作为爱猫如厕处，如厕用垫子和猫砂也放置在周围，使用方便。盥洗室墙壁采用硅藻泥，可去除异味，推荐使用。

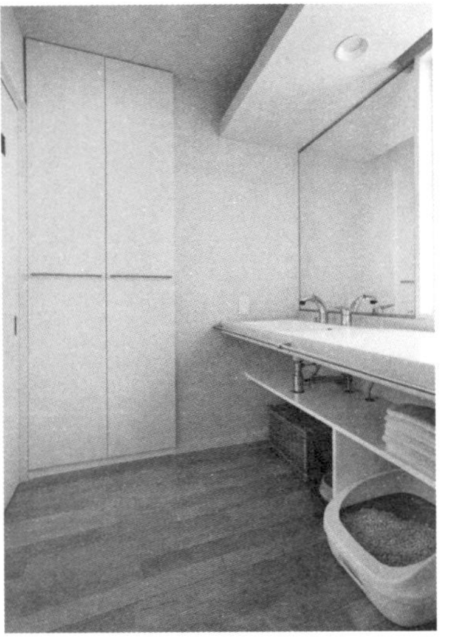

宠物如厕和进食处的地板，建议使用容易清除污垢的均质乙烯基地板。

防滑地板很重要

太滑的地板材料，容易给爱猫和爱狗的腰、腿增添负担。（图中的防滑地板所用的是天然杉木地板）

# 智慧遮挡外界视线，打造舒适宜人生活

## 无法拉开窗帘的居室（家庭）舒适度大打折扣

对于独栋房屋人们最在意的问题是如何阻挡外界视线，保护隐私。不少家庭，尽管有大大的飘窗，却连白天都不得不拉上窗帘，导致屋内光线昏暗，通风不好，也不能欣赏庭院美景，舒适度大打折扣。因此舒适宜人的居室并不是窗户越大越好。

## 确保光线充足的前提下，有效阻挡外界视线的方法

在房屋装修中要解决这个问题，有几种方法。第一种方法是通过较高的围墙或栽培绿植来实现。第二种方法也是最简单的方法，则是将窗帘改为卷帘式，可以上下打开，自由调节想遮蔽的范围，这样既可将阳光和清风引入居室，又可轻松阻挡外界视线。第三种方法是将玻璃换为磨砂玻璃或彩色玻璃。还有一个稍微费事的方法，改变窗户的大小或位置。

# 阻挡外界视线的方法

## 改变窗户的样式

**能调节遮蔽范围**

弃用窗帘，使用百叶卷帘或蜂巢式卷帘，可以部分遮蔽外界视线。有的卷帘上、下部可采用不同材质，可以选择通透的蕾丝以及有效遮蔽光线和外界视线的厚实材质，通过开关，自由调节遮光的范围。

也可用卷帘遮蔽晾晒在阳台上的衣物，非常方便。

## 改变窗户位置

**放弃无用的窗户**

放弃那些没有采光或通风功效的无用窗户，也是一种方法。有时，将面向大门或邻居家的窗户堵上，反而更舒服。

改造前

家中有一个超大窗户，在从大门到玄关途中，屋内情景尽收眼底。

改造后

去除了窗户，直到玄关前，家中不再被一览无余。

## 用彩色玻璃窗

**既能采光，又能遮蔽外界视线**

将透明玻璃改为磨砂玻璃或彩色玻璃等带图案的玻璃，也可起到遮蔽效果。

第5章

# 增加收纳空间，扩大家居面积

# 收纳空间还能大大增加

越来越多的已购买现房和二手房的客户希望能增加收纳空间。他们不想通过购买固定家具，而打算趁房屋装修之际来解决家中收纳问题，我认为这是个聪明的决定。

摆放家具是居室中的焦点所在，因此选择难度很大。放弃摆放家具，采用固定收纳方式，看上去清洁整齐，也可扩大居室空间。

为了实现舒适的家居生活，解决收纳问题是非常重要的。生活动线附近如果没有充足的收纳空间，每天会疲于整理。在装修时，通过设置不显眼的收纳空间，可大量收纳物品，让居室空间扩大。

# 固定收纳替代摆放家具，全屋旧貌换新颜

老旧住宅中固定收纳的空间不多，仅有和室里的壁橱和天花板附近的小壁橱而已，这些空间进深大，不方便使用，不适合现代人的生活方式。因此，当家中物品增多时，很多人就买一些家具来搁置物品，导致家中空间越来越小，越来越凌乱。

如果想增加收纳空间，我建议不要买家具，而是通过装修增加固定收纳空间来解决问题。和室里的壁橱可以改为衣柜，能装入大量衣物；在从天花板到地面的整面墙壁上设进深不大的壁柜，可以大大增加收纳空间。壁橱颜色与墙壁统一，二者融为一体，没有压迫感，看上去也漂亮整洁。

装修时，放弃那些大型家具，增加固定收纳空间，可以让居室空间增加。

## 固定收纳的设计案例

厕所
盥洗室
浴室
洗衣机
冰箱
杂物室
门厅
收纳
厨房
客厅
餐厅
露台

**改造前**

整体居室收纳空间不足，因此，在客厅放置了不少收纳用家具，整个空间显得非常压抑。

↓

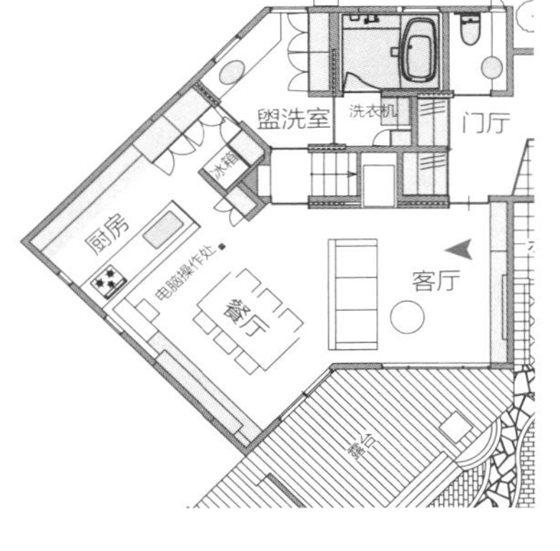


**改造后**

在厨房、餐厅和盥洗室都设了充足的收纳空间，家中物品各有归处。餐厅里的家具处理了。

# 打造宽广空间，重在『低空收纳』

突出水平线，扩大居室空间

客厅里的电视柜，采用低矮狭长形状，沿墙而设，看上去清爽整洁。突出水平线的设计，让房间显得宽广。

客厅里尽量不要摆放家具。因为那里是摆脱工作和家务束缚、一家人放松的空间，所以尽可能保持宽敞舒适。如果身在其中看到的是你喜欢的装饰品和庭院的绿植，就更理想了。

原本客厅就不太需要收纳空间。如果家中其他各处有充足的收纳空间，客厅里也不会有杂物出现。

如果想在客厅设收纳空间，建议采用低矮的收纳柜，没有压迫感，视野开阔，也可在台面上摆放自己喜欢的装饰品。其里面可以收纳许多东西，如抱枕套、盖毯、家人一起欣赏的相册、儿孙的玩具、绘本等，非常方便。

收纳柜门尽可能设计简洁，不要安把手，用嵌入式或按压式拉手，看上去干净清爽。

## 客厅设底层收纳案例

沿墙所设的收纳柜案例。没有过高的家具，整个空间让人非常放松。

带餐厅的客厅整个墙面做了低收纳柜。与地板颜色协调一致，整个房间装饰融为一体，没有压迫感。

# 餐厅一侧高台柜，变身收纳空间

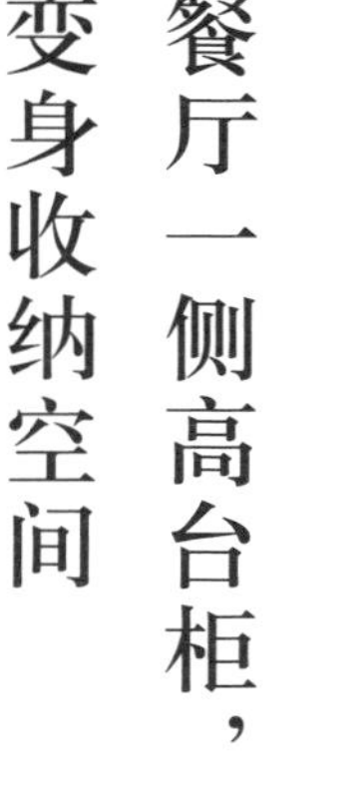

餐厅里用到的物品全部可以收纳其中
在厨房吧台背面设置的收纳空间。可以将药品、文具、书籍等就近存放，避免餐桌凌乱。

除了吃饭，在餐厅还可以做很多事情，如看报纸、用电脑、写文件、做手工等，孩子也可以在这里学习。因此，餐厅里如果有收纳空间，房间会整洁许多，但是许多老房子的餐厅几乎没有收纳空间。

如果家里的厨房是面向餐厅的开放式（或半开放式）厨房，我建议把厨房高台背面（靠近餐厅一侧）改为收纳空间。

可以设柜子和抽屉两种收纳空间，抽屉里放置文具或药品等小物品，柜子里收纳文件等，使用方便。另外，小碟子、餐布、刀叉等，与其放在厨房，不如放在餐厅，便于拿取，有利于做餐前准备。

台面稍高些，就能遮蔽厨房料理台

厨房高台柜下设收纳空间时，只要让台面高于水槽，就能有效遮挡凌乱的料理台和水槽，一举两得。

利用窗下空间设 L 形壁柜，增加收纳空间

除了厨房，也可沿餐厅墙一侧设壁柜，增加收纳空间。壁柜高度不高于人静坐时的视线高度，就不会有压迫感。

高台柜一侧惊现酒柜

在长长的厨房高台柜一角设葡萄酒柜。关上门就可隐藏起来。

# 吊柜一加，收纳空间倍增

吊柜收纳了大量餐具

这户家庭来客多，有大量餐具。在厨房设有壁柜，长度与墙体同长，壁柜上方又设有同等宽度的吊柜，可以放置所有餐具。

厨房不是开放式时，可以将餐厅一整面墙设收纳柜，能放置大量物品，完全不需要大型餐具柜。特别推荐那些餐具较多的家庭设置这样的收纳柜。如果还想要更多收纳空间，我的建议是，与其增加收纳柜的高度，不如设吊柜。

整面墙都是收纳柜的话，会让人感觉煞风景，但如果设地柜就不会感觉压抑，又可以在台面摆放自己喜欢的装饰物，整个餐厅会让人印象深刻。

墙壁、地柜和吊柜颜色统一，会让人感觉清爽整洁。吊柜的一部分门可以改为玻璃门，摆放一些漂亮的茶具和葡萄酒杯作为装饰，很漂亮。

吊柜上方伸手不可及，又看不到里面，可以放置一些使用频率低、质量轻的物品。

# 利用不可拆除的梁柱，创造意想不到的收纳空间

利用横梁凸出的部分，打造不规则收纳空间，变身装饰柜。

利用不可拆除的柱子，设置装饰架，还可有效遮挡水池和料理台。

打算在整面墙上设置收纳柜，却有一些碍事的横梁，在装修时，我们经常会碰到这样的问题。

我们该如何处理这些无法去除的梁柱呢？这真是个让人头痛的问题，也是考验设计师们功力高低的问题，他们会绞尽脑汁地去考虑如何最大程度地将其改为收纳空间加以利用。

最理想的方案当然是利用梁柱新增收纳空间，而梁柱的存在看上去也不明显。

另外，在装修时想扩展客厅空间时，也经常遇到碍事的不能拆除的梁柱。这时，我们通常会再建一根假柱，打造一个装饰柜。

# 充实背面收纳，享受烹饪乐趣

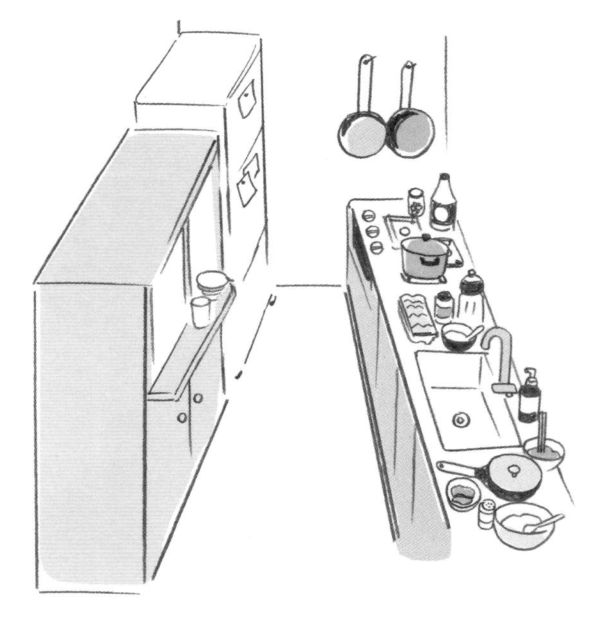

不少家庭的厨房搁不下餐具，只能在餐厅加设餐具柜。但是，大餐具柜占用空间，导致居室面积变小，也有压迫感，而且做饭时要往返厨房和餐厅间，很不方便。

装修时，在厨房背面设地柜会方便许多。如果是抽拉式的，将进深做大，可收纳海量餐具，里面也一览无余，容易抽取使用。台面上可以放置咖啡机等电器，也可作为操作台和配餐台使用，厨房使用空间大，操作效率高。

餐具仍然放不下时，可以在地柜上设吊柜，能容纳海量物品。

## 充实背面收纳的案例

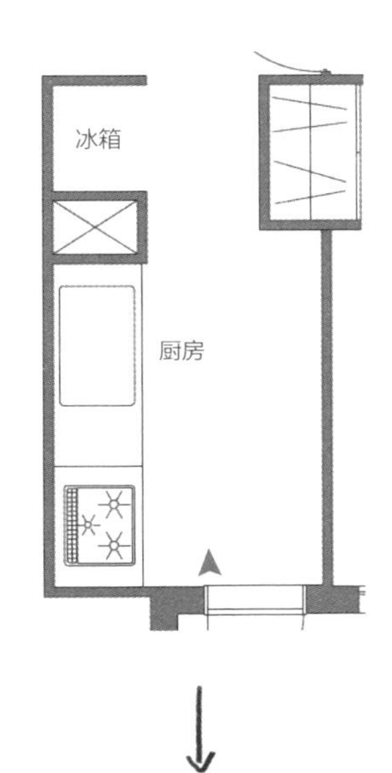


**改造前**

客户所购二手公寓的厨房。背面没有固定收纳空间。

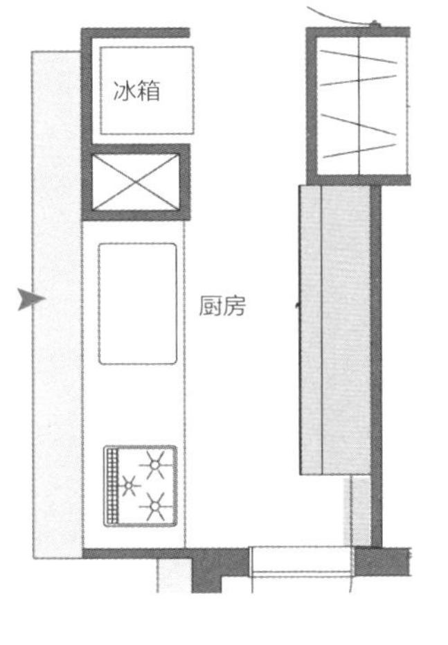


**改造后**

背面的整面墙设地柜和吊柜。背面收纳柜的进深约有 60 cm 即可。如果厨房空间足够大，也可作为配菜台使用。

# 配合饮食生活，设计食物贮藏空间

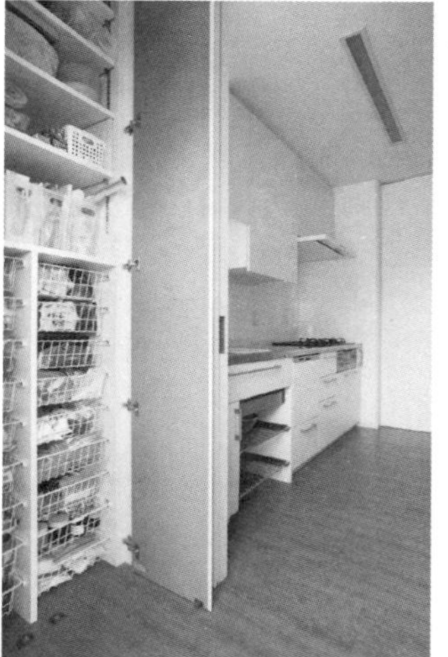

大容量食品柜助力居室收纳

在厨房附近，设从天花板到地板的收纳空间。视线以下用金属网筐收纳，物品一目了然。

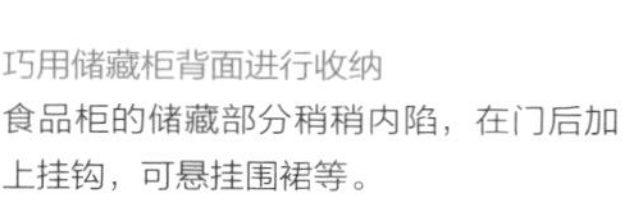

巧用储藏柜背面进行收纳

食品柜的储藏部分稍稍内陷，在门后加上挂钩，可悬挂围裙等。

厨房装修时，请务必考虑设食品储藏柜。从天花板到地板的食品储藏柜，可以让厨房井然有序，物品不再杂乱，空间整洁干净。

食品储藏柜最好不要做得太深，因深处的食品不易被看到，也难以把握库存量。食品柜的储藏部分稍稍内陷，在门后可悬挂围裙等，非常方便。搁板采用可调节式，可根据存放物品改变高度，这样可以高效使用空间，进行高密度收纳。视线以下部分用抽拉式的金属网篮收纳，容易拉取，也一目了然。

食品储藏柜很大时，也要注意存放物品不要过多。

# 依据家电尺寸，合理配置空间

背面设家电收纳空间
厨房背面设收纳电饭煲、家用烘焙机等的空间。在使用时尽可能将搁板拉到眼前。

为微波炉量身定制的台面收纳
客户希望厨房背面有尽可能大的收纳空间，因此吊柜尽可能低，以增加收纳空间。

为了在有限的空间尽可能多地增加收纳空间，很重要的一点是高效使用收纳空间。在许多家庭中，有很容易利用的空间，却常常浪费了上部空间，我们要好好考虑家里的收纳。

厨房里设固定收纳空间时，我建议，按照家里的家电尺寸，量身打造。

比如说，背面吊柜的高度，按照台面所放置的微波炉和咖啡机的高度，降到最低，可以毫无浪费地高效利用空间。

家电放置在收纳柜下层时，设一可推拉的搁板。搁板也根据家电高度设计，高效利用收纳空间。上下没有丝毫浪费空间，不仅可以增加收纳空间，看上去也整齐美观。

# 床头附近的物品放置空间

设较窄搁板的案例

沿着墙面，设一排较窄的搁板。即便是很小的空间，也可以放置物品，非常方便。

设飘窗的案例

在床头设一飘窗，可放置书籍，也可摆放自己喜欢的饰品，成为装饰空间。

躺在床上触手能及处，如果能放置物品，将非常方便。可以放纸巾盒、眼镜、未读完的书、收音机、遥控器等，也有人想确认时间，放置手机、闹钟等。

当然床头柜也可以放置物品，但是卧室不太大时，床头柜还是很占空间的。如果床头有窗户，可以改为飘窗，用以放置物品。不能改飘窗时，也可以在床边墙上设搁板，放置台灯、手机充电器等，这里也需要有插座。

卧室里有充足空间，还想增强收纳功能时，我建议选用没有压迫感的矮柜。设在窗户下部，丝毫不影响采光。台面一角放上椅子，也能作为书房使用。

客房

# 模仿酒店设计的客房收纳

在衣柜下方要有放包的空间

客房装被子的衣柜下方，向内挖 30 cm 深，用来放包，房间看上去会很宽敞。

墙上设悬挂衣架处

墙上设固定的悬挂简单衣架的挂钩。承重大，外观小巧漂亮。

很多人将平时不太用的和室改为客房供客人来往时使用。有些家庭的家人或亲戚会频繁来访或长时间居住。如果长时间使用客房，我们是否也该想想如何设计客房的收纳空间，以便让客人住得舒服开心呢？

我们可以将客房想象成一个微型酒店。外套和脱下来的衣服要有悬挂之处，行李箱和大包要有收纳之所，这样空间才能被高效利用。这个改造不必花费太多金钱，趁装修之际，不考虑一下吗？

只是花费一点小心思，就能让客人住得开心舒服，这种关心才是真正的待客之道吧。

# 有效利用人的行走空间

走廊里设收纳空间
玄关到客厅的走廊里设收纳空间，从天花板直到地板，按压式推门，不设把手，与墙壁浑然一体，整洁大方。

物品较多或空间狭小的家庭，我推荐走廊收纳。走廊是供人行走的空间，如果将其改为收纳空间，家中会变得井然有序，超出你的想象。

只是将墙面向内挖 30 cm 左右，就能创造出大容量的收纳空间。没有垂壁，门从天花板直到地板，与墙壁同色，关上门，根本看不出内里乾坤。

里面可以恣意地放置日用品、工具、防灾用品、备用水、可回收垃圾等，容量惊人。盥洗室空间不足时，在附近的走廊设这种收纳空间，可以放置洗涤剂和毛巾等，非常方便。

物品如果放得过深，很难拿取，也难以掌握，因此，此处收纳，进深不必太大，但宽度要足够。搁板采用可调节式，随时调整，不要浪费一丝空间。

## 走廊设收纳空间的案例

墙体内挖，变身饰物架

二层天井栏杆处的墙体稍向内挖，变身饰物架。

楼梯两侧设书架

在楼梯两侧的墙面设书架。家人可以共享图书，还可培养孩子的阅读兴趣。

用白色篮筐整理架子

用网筐或文件架，将架中物品分门别类地进行整理。里面物品可见，方便使用。

# 取消无用门窗，增加收纳空间

堵上门，设储藏室和书房

孩子独立离家后，将原来孩子的房间改为储藏室和书房。原来门所在位置改为储藏室的墙壁。（请参照下页户型图）

每次装修我都深切体会到：只是牺牲了一点居住空间，就能创造出大量收纳空间，居室因此而大为改观。墙面少，几乎无法设收纳空间的家庭，我建议封堵某些门窗，创造出收纳空间。

比如，从厨房直接通往盥洗室的门，看上去似乎很方便，但是真正生活后就知道，它可有可无。这时，堵上门，增加收纳空间，会让你的生活舒适度提升不少。

地板上的小垃圾口如果不经常使用的话，可以在下半部设收纳空间。减少窗户面积，可以减轻冬季寒意，对于高层建筑可减少悬空感，让生活更踏实舒适。

门窗并不是越多越好，因此，在制订计划时要慎重考虑。

## 堵上门窗扩充收纳的案例

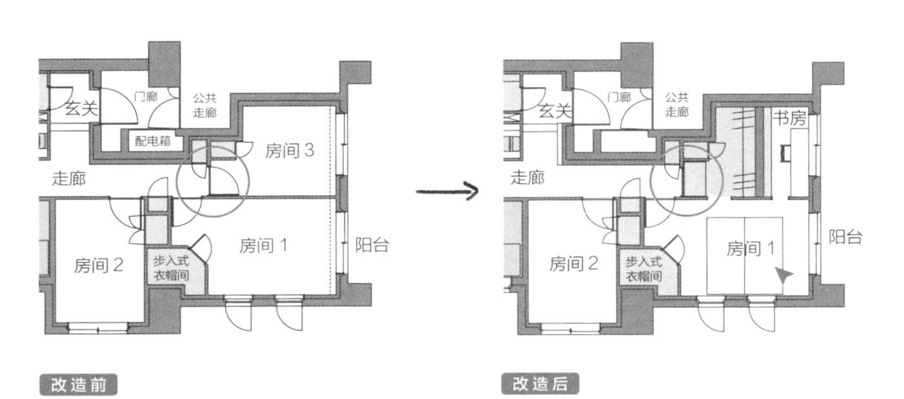


改造前

走廊尽头是孩子房间的房门。

改造后

堵上房门，将原来孩子房间改为一个大容量步入式储藏室和小书房。

## 减少窗户面积增加收纳空间的案例

改造前

客厅西南墙全是窗户，无法放置收纳家具，下午还有强烈的西晒。

改造后

窗户下半部贴上护墙板，设收纳矮柜。只留一半窗户，也足以保证室内的充足光线。

# 巧用搁板，收纳量倍增

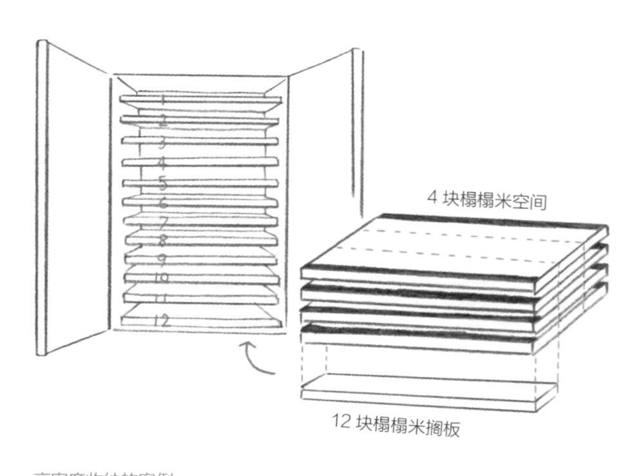


高密度收纳的案例

假设有宽 180 cm、深 30 cm 的收纳空间（大约 1/3 块榻榻米），地板到天花板距离 240 cm，每 20 cm 放置一块搁板，可放置 12 块，那么它可收纳的空间就有约 4 块榻榻米大小。

想增加收纳空间，有一个可以自己动手的简单改造，就是收纳柜中空间的高密度化。

那些说家里收纳空间少的家庭，其实很多收纳柜中的空间还没有被充分使用。根据里面摆放物品的高度，设置搁板，仅做到这点，收纳量就会倍增。

在建材市场购买一种成套的被称为“架柱（架子支柱）”的金属滑轨和支架，安装后，搁板就可以自由调节。搁板也可请人切割，追加所需的数量。

另外，搁板内可以用篮筐间隔，形成立式收纳，易看易取，收纳能力大幅提高。用统一式样的篮筐，外观也整齐漂亮。较深的篮筐可以贴上标签，物品内容一目了然，非常方便。

衣柜 储藏室

# 鳗鱼状狭长形储藏室，高效利用空间

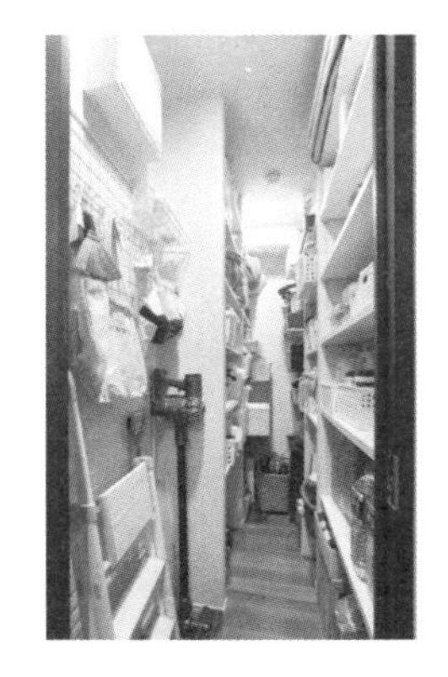

收纳日用品和家电
两个收纳架连在一起形成步入式储藏间。部分墙面安装金属网格，可收纳包和清洁用具等。

卧室的衣柜
卧室里设步入式衣柜，设两根吊杆（左侧），收纳量倍增。

要设计固定的大容量收纳空间，有墙面收纳和步入式收纳两个办法。

步入式收纳空间，里面物品可以一目了然，便于管理，作为衣物的收纳空间使用非常方便。里面不必再安门，节约成本，这都是优点。但是，除了收纳空间，里面还需要有人活动的空间。

如果安装步入式收纳空间，类似鳗鱼的狭长形状，可以丝毫不浪费空间。在两侧的墙面设置收纳架，可以收纳相当大数量的物品。

步入式收纳空间里，设吊杆可以悬挂衣物，在没有收纳架的墙面装上格网，挂上 S 形挂钩，可以有效地利用狭长空间。

# 充分利用空间的收纳术

闲置空间设抽屉

利用楼梯的顶部（点线部分）设床。右侧设抽屉，收纳床单等。

家中的什么地方怎么收纳，思考这个问题，如同解谜题一般。不牺牲居室空间，怎样才能尽可能多地设置收纳空间，这是让人绞尽脑汁的问题。

最理想的收纳空间是平时感觉不到它的存在，在需要时它却无所不在。门的质地、颜色可以和墙壁的一样，尽量不要太显眼。

另外，无论是新房装修还是旧房改造，设计上都会出现死角，也会出现难以使用的不规则空间，这时，不妨想想能否将其变为收纳空间。

只要我们开动脑筋，原本狭小的无法利用的空间，也能完美变身为收纳空间。

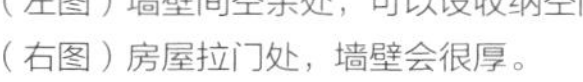

在门的拉合处创造收纳空间

（左图）墙壁间空余处，可以设收纳空间。

（右图）房屋拉门处，墙壁会很厚。

两个房间平分整体上下收纳空间

相邻的两个房间都打算设收纳空间的话，如果空间不够，可以考虑将整体空间分为上下两部分，分别使用。即便只有一半的收纳空间，门还是要做从天花板直到地板的，这是外观整洁的关键。

**上半部**

上层空间，主要用于收纳和室里客人所用的被褥。

**下半部**

下层空间是儿童房的衣物收纳空间。从天花板到地板的门与墙壁融为一体。

# 利用墙壁厚度，打造收纳空间

盥洗室里的墙面薄型收纳

在空间狭小的盥洗室里设置进深 20 cm 的墙面收纳。搁板数量很多，可收纳不少物品。

如果想在盥洗室或走廊增加收纳空间，我经常推荐从天花板到地面的进深 30 cm 的收纳架，这个尺寸正好可以放置多种方便使用的篮筐。如果空间受限无法实现，我建议利用墙壁厚度来解决这一问题。

即便只有 15 cm 进深的空间也可以设墙面收纳。只要做到从天花板到地板的高密度收纳，就能放置比外观更多的物品。

进深浅的收纳空间，没有“看不到里面物品”的缺点，比想象的好用。在盥洗室里设置这样的空间，可以放置大量的毛巾、内衣、洗涤剂等，洗脸台上无需再放置物品，会更整洁舒适。

# 墙面和门后，收纳皆可能

走廊一角所设自行车放置处。在墙面设铁棒，将自行车悬挂其上。

门后安装几根横杆，可插入拖鞋，这样就无需放置专门的拖鞋架。

孩子房间的部分墙壁上安装有金属网格，可以悬挂帽子和包。

在没有足够空间做收纳或想增加收纳空间时，可以将墙面用于收纳。在墙面安装金属网格，用 S 形挂钩将物品吊放起来。在步入式衣帽间内用此办法可以悬挂帽子、腰带等，非常方便。

但是，安装金属网格时，建议安装在客人看不到的地方，如果安装在显眼处，会给人杂乱的感觉。

不显眼又能用于收纳的空间有哪些呢？我推荐收纳柜的门后。在鞋柜、储藏室、食品储存柜等的门后安装横杆，将不想让人看到的物品悬挂其上进行收纳，非常方便。简单易行的改造，建议大家试试。

# 告别无用台柜，打造收纳空间

改造前

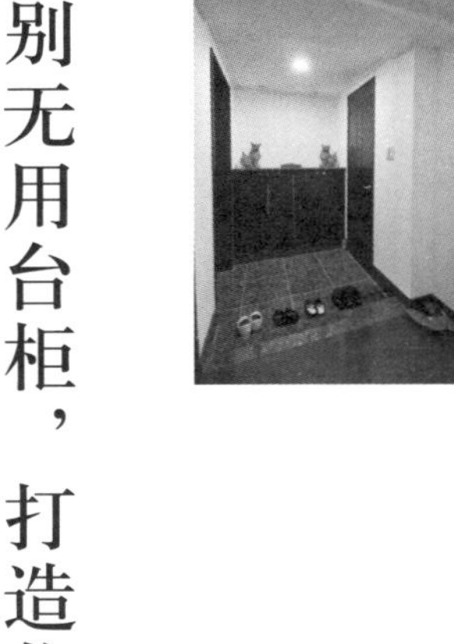

改造后

墙面收纳替代台柜

玄关左侧的收纳空间。去除了几乎没有意义的装饰柜，改为直通天花板的墙面收纳。部分柜门改为镜面，视觉空间更大。

玄关也和盥洗室一样，需要充足的收纳空间。不想玄关地面满是鞋的话，就要有鞋柜能收纳所有家人的鞋。孩子小的时候，要预测到今后鞋的增加数量，预留出充足空间。

但是，旧公寓的玄关大多比较小，很多家庭的收纳空间仅为小小的鞋柜。常见的玄关收纳模式是，上面是吊柜，下面是台式鞋柜，鞋柜台面是摆放装饰品的地方，但是因其多在人们不常注意的地方（玄关旁边，而非正面），几乎没有太大意义。

改造时，将鞋柜改为墙面收纳，高度直达天花板，既确保了玄关的使用面积，又能大幅提高收纳容量。没有垂壁，门与墙壁颜色统一，浑然一体，视觉空间更大。

玄关

# 多功能玄关收纳，挽救家居印象

能收纳外套和帽子等的玄关

60多岁老夫妇家的玄关收纳。设有收纳外套和帽子等的空间，在此可顺利做外出准备。

白色小筐是室内邮箱。不用的文件可以马上用碎纸机处理。

如果外出时用的物品都能收纳在玄关，那么家中物品就不再散乱，居室会整洁舒适许多。回到家后，不光是鞋子，外套、围巾、帽子、手套等放在玄关后再进房间的话，房间里衣物“乱脱乱放”的问题就会得到解决，也便于从工作模式转为家庭模式。家里玄关空间充足的话，不妨考虑将鞋柜扩容，设收纳外套的空间。

投放在邮箱里的不要的广告等，如果能在进屋前在玄关处理掉，家里自然整洁干净。因此，我建议在玄关放置垃圾桶或碎纸机，还有开封用的剪刀，方便使用。

多功能玄关，是减轻家务负担、保持居室整洁清爽的关键。

# 告别阴暗的采光术

## 公寓也有办法改善采光

有的居室里采光时间很短，即便是白天也要开灯照明。特别是公寓房里有这种烦恼的家庭很多，但也有改善的办法。如果有朝外的房间相邻，并且中间有间隔，可以把中间的墙壁打掉，变为一个大房间，仅仅是这个改动就能大大扩大光照范围。（请参照右页右上图示）

---

## 开窗，也能通风

想开窗，但又担心隐私暴露而不得不放弃时，可以将窗户设在较高位置。窗户越高，采光效果越好。另外，在脚底部位再开一个通风窗，更加舒适。上部采光，下部通风，这就是我的解决方案。

二层的独栋住房，只要有天窗，室内就会光线充足。此外，可以将墙壁改为百叶窗式隔断，也可在两房间中间墙上开窗，多种办法都能让居室的采光效果大幅提升。

# 采光术

## 窗户开在较高位置

东侧墙壁面向邻居家，无法开大窗。将窗户开设在较高位置，就基本能保证采光充足。同时，底部设通风窗。

## 拆掉间隔墙壁

仅仅是拆除两个房间的间隔墙，采光面积就能增加许多。比如，将两个房间合二为一改为一个大的 LDK（带厨房、餐厅的客厅），这样的改变，还能改善居室整体的采光。

改造前　改造后

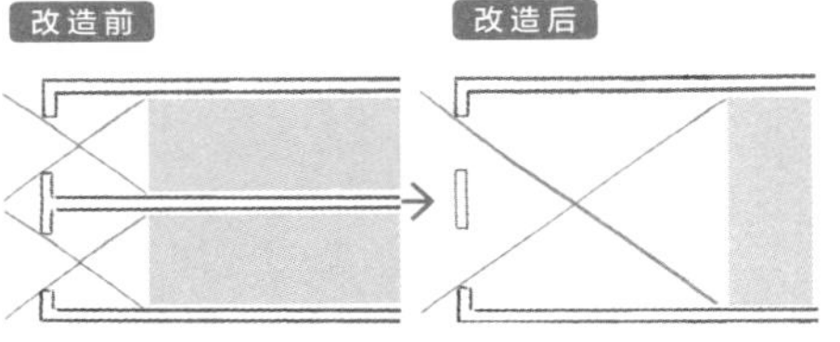

有墙，光线难以进入室内。

拆除了间隔墙，光照范围扩大。

## 墙壁改为隔断

既想有遮挡效果，又想有良好的采光，这时，可以用隔断来解决问题。隔断将空间轻松隔开，形成安静平和的空间。

## 房间之间开窗

即便是与外部不相连的房间，通过在间隔墙上开窗，也可以将光线引入。下图中的公寓，将工作间的光线成功地引入了主卧。

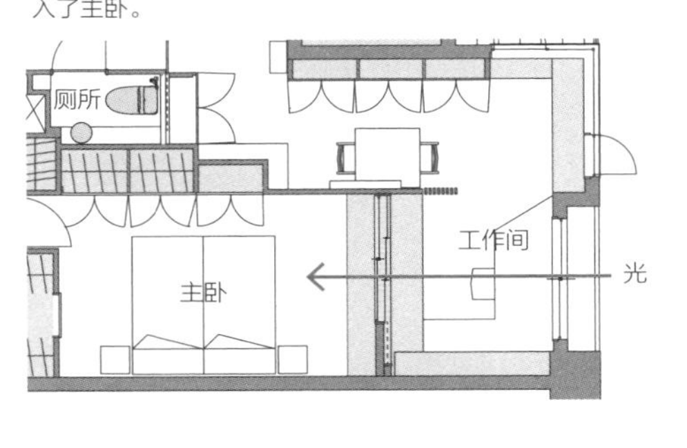

第の章

# 改变空间狭小的居室改造术

## 开阔思路，扩展空间

较为宽敞的空间能让生活更为舒适。但是，在现代城市生活中，居室面积很难达到人们的理想要求，通常是在有限的条件下尽可能去创造更大的生活空间。

虽然无法改变房屋面积，但可以通过装修增加居室的使用面积。

增加固定收纳空间、减少摆放家具，就可以扩大居室使用空间；餐厅和客厅合体、舍弃沙发，也能扩大居室使用空间。

另外，还可以利用视觉效果开阔空间视野。比如，消除台阶、不设垂壁等都是有效的方法；仅仅是设一面大镜子，也能让人感觉空间开阔不少。

# 降低餐椅高度，沙发可有可无

较低的餐椅让人感觉舒适放松

约 15 $m^2$ 的客餐厅，为了充分利用空间，没有摆放家具，而是选择了较低的餐椅。餐后可以坐在这里看电视。

选择座位宽、椅背仿人体曲线设计的椅子为好。有扶手，起身时更方便。

如果您家中的餐厅和客厅足够宽敞，当然可以摆放成套的餐厅家具和沙发等。如果空间不太充足，不建议摆放那么多家具，否则就太拥挤了。

这时，我建议放弃沙发，摆放较低的餐椅等家具。将椅子高度降低 5 cm 左右，椅子坐起来就非常舒适，即便长时间坐也不会感觉到累。

年纪大的人从柔软的沙发上站起来越来越困难。舍弃沙发不仅能节省空间，也不必担心撞到东西而摔倒。

椅子，选择座位宽、仿人体曲线设计的椅背、有扶手的为好。如果想继续使用家中现有的桌椅，可以请家具生产厂家降低椅子高度。

# 舍弃沙发的案例

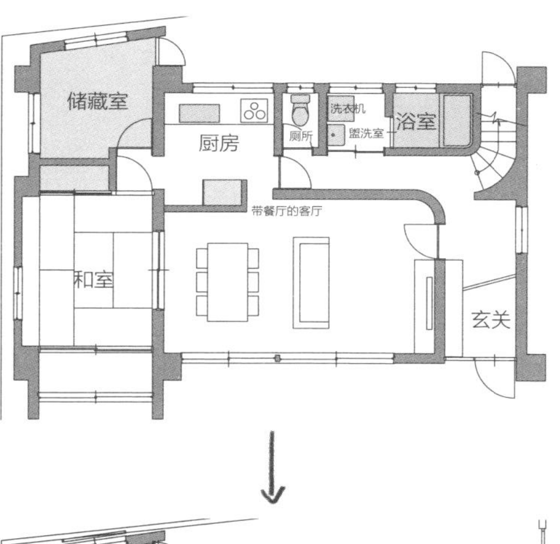


**改造前**

厨房朝北，白天也需要开灯照明。客厅旁边的和室很少使用，成为堆放杂物的空间。

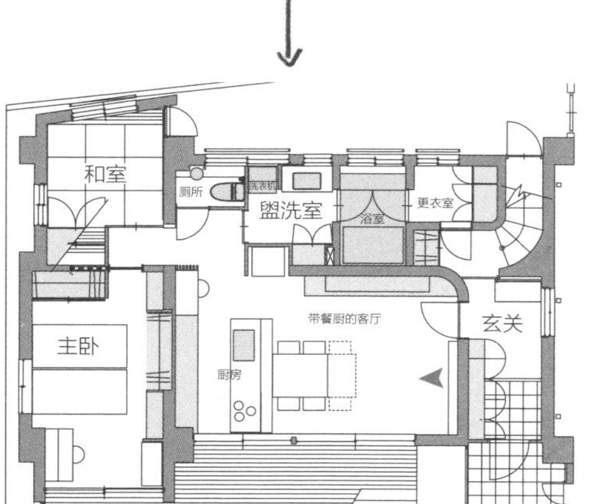


**改造后**

将厨房移到南边，形成一个光线充足的开放空间。餐厅和客厅的空间因此稍有变小，于是舍弃沙发，放置了较低的成套餐厅家具。将二层的卧室移到一层原和室处，减少了上下楼梯的次数。

在宽敞明亮的厨房里料理，心情愉快，女主人如是说。没有沙发，空间宽敞。

# 连接露台，扩展空间

将客厅外的露台设为与客厅相同的高度，扩展空间。（让人感觉空间宽敞）

理想的客厅是一家人在闲暇时间能放松心情的空间，是让客人能感觉轻松惬意的空间，因此大家都希望客厅足够宽敞。

但是，现实生活中，很多时候我们无法保证能有一个足够宽敞的客厅空间。

为此，我建议，想办法将客厅外的露台与客厅整合为一个连续空间。

将露台地板高度改为与室内地板等高，形成一个平面，其颜色也尽可能与室内地板接近，这样可以让人感觉客厅空间得到扩展。

还可以用较高的墙壁将露台围起来，这样，尽管是室外露台，也可以让人感觉如同在室内般的宽敞。露台上放置成套桌椅，可以在此喝茶、吃饭，向大家推荐。

墙壁围起的露台，感觉空间得到扩展

用墙壁围起与客厅同等高度的露台，感觉室内空间得到扩展。

宽敞的露台，如客厅般的感觉

在无法搭建房屋的空间设一露台。天气好的时候，拉开地窗，可将其作为客厅的延伸部分，在此惬意度日。

# 遮光帘替代窗帘，扩大视觉空间

改用遮光帘，窗户周边清爽许多

采用与墙壁同色的遮光帘，窗户周边清爽许多，感觉空间也扩大了。遮光帘上下移动，可以遮蔽外界视线。

蜂窝状遮光帘有保温（隔热）效果，可防止室内空气外溢。

想让居室看上去宽敞，建议将平拉的窗帘改为遮光帘。

平拉的窗帘，开合时都有存在感，大大影响整个居室风格。虽然装饰性很强，但窗帘褶的厚度容易让人感觉居室空间狭小。

用遮光帘替代窗帘，窗户周边清爽许多，居室使用空间扩大。选用与墙壁相近颜色的遮光帘，可以消除其存在感。

从功能上来说，遮光帘使用灵活，可以上下移动只遮蔽中间部分，蜂窝状遮光帘（请参照第 47 页）还有提升室内保温和制冷效果的作用。

日常打理也很方便，只需定期掸去灰尘即可。

和室

# 用悬空式壁柜，扩大视觉空间

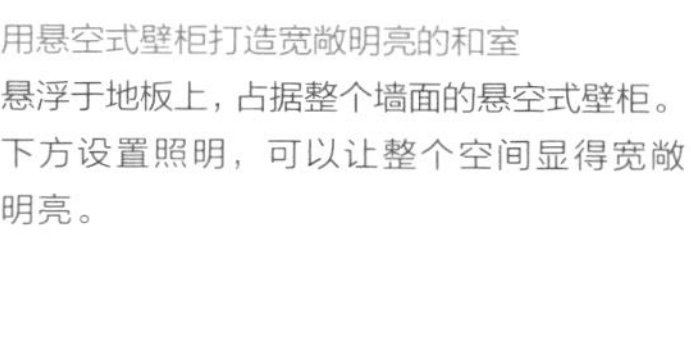

用悬空式壁柜打造宽敞明亮的和室
悬浮于地板上，占据整个墙面的悬空式壁柜。下方设置照明，可以让整个空间显得宽敞明亮。

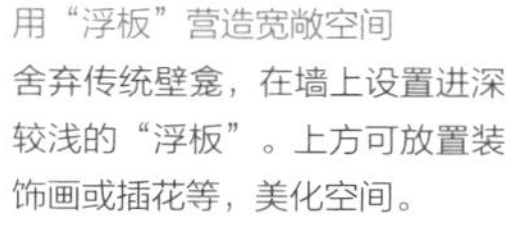

用“浮板”营造宽敞空间
舍弃传统壁龛，在墙上设置进深较浅的“浮板”。上方可放置装饰画或插花等，美化空间。

最近，越来越多的人在装修时舍弃和室，但也有不少人想保留和室。和室可做客房，在和室里可以放松心情，让人感觉心情舒畅。

为了高效使用和室空间，我建议，将壁柜悬空。

在和室里基本上都是坐在榻榻米上的，视线低，自然会看到地板。打开壁橱下方空间，会有开阔感，也能让地板空间显得宽敞。

悬空式壁橱下方，可开设一窗户用于通风或采光。也可摆放花卉或摆件，增加生活趣味。

另外，在墙上设一进深较浅的搁板作为“浮架”，以此来代替传统壁龛，也可扩展空间，向大家推荐。

# 单人床并为双人床

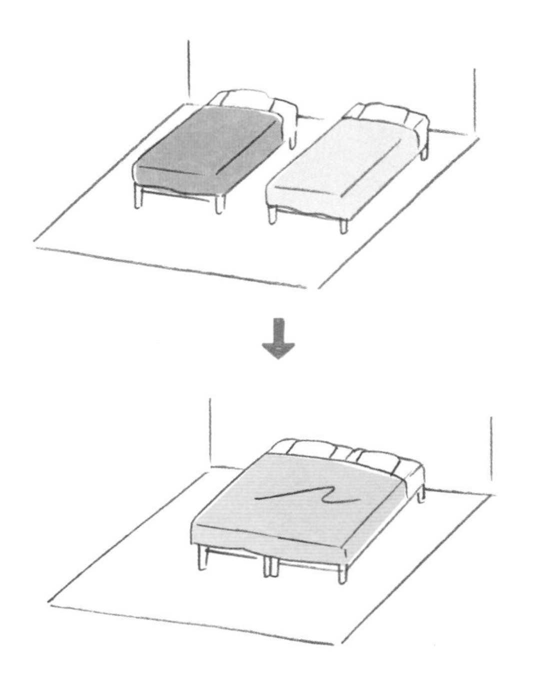

很多家庭卧室一般不会太大，经常会把约 10 ㎡的房间作为主人卧室，里面放置两张单人床，就几乎没有什么空间了，让人感觉很压抑。

我经常建议的方法是：将两张单人床合为一张双人床（请参考上图）。这样，即便是 80 cm 宽的小床也不会感觉狭小。

还有一个方法：在 160 cm 宽的大床上放置两个小号单人床垫。总之，床垫独立，发出的响动不会影响对方，方便舒适。两个床垫用一张床单铺盖（合二为一），完全看不出是两个独立床垫，也便于床铺整理。

# 利用镜子魔法，营造视觉大宅

玄关内的镜子可滑动，起到门的作用，滑开后可看到收纳自行车和婴儿车等的储藏室。

厕所的洗手池旁，设置镜子，可供客人整理妆容用。

即便无法改变实际的房屋面积，我们也可以让空间显得宽敞。最简单易行的办法就是善用镜子。

从天花板到地板的整面镜子，让人感觉整个空间连为一体，显得很宽敞。

在玄关或卧室设置这样的镜子，效果尤其明显。在玄关设置镜子，不仅能营造出让人心情愉悦的宽敞空间，还能在出门前检查整理妆容，我特别推荐。卧室里的衣柜门如果能改为镜面，早晨穿戴衣物和饰品时会很方便。

此外，在厕所等狭小的空间，镜子魔法也可发挥极大作用。

# 利用多层空间，扩大使用面积

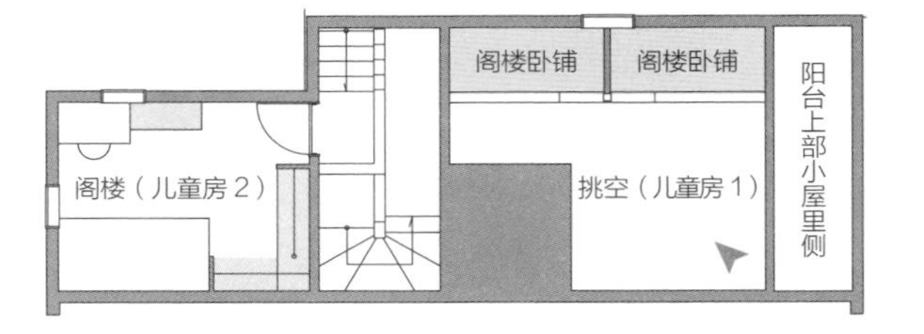

设置阁楼卧铺空间
这是两个兄弟（中学生）的房间。抬高天花板，设置了阁楼卧铺空间。阁楼下方是隔壁房间的收纳空间。

随着孩子的成长，儿童房的空间会变得狭小。这时，我建议设置 LOFT 来扩大使用空间。

所谓的 LOFT，指的是阁楼。通常可以利用屋顶的坡度或者创造出二层复式结构来获得。

在日本建筑基本法中 LOFT 是不算居室的，不计入住房面积中。设置 LOFT，要满足诸如天花板层高在 1.4 m 以下、面积在下层面积的一半以下、下层天花板高度确保在 2.1 m 以上、不设固定楼梯等条件。

儿童房中的 LOFT 通常用作床铺。有时 LOFT 下层设书桌或衣柜。

天花板

# 取消垂壁，营造开阔视野

没有垂壁，感觉空间宽敞

走廊连接居室的门、走廊里的墙面收纳等都统一为与天花板同高，这样感觉空间宽敞。

与天花板连为一体，营造整体感

从客厅延续到隔壁和室的天花板，用相同颜色和材质来统一，营造整体感，创造出有进深感的宽阔空间。

我在进行居室设计时，通常会将连接各空间的门或墙面收纳柜门上方的垂壁取消。这是因为垂壁的存在割裂了空间的连续性，会让人感觉空间狭小。

许多住宅设垂壁是为了适应厂家提供的成品门尺寸（一般高 200 ~ 220 cm）。但是最近市场上出现了高度可达天花板的门（高 240 ~ 250 cm），因此越来越多的住宅取消了垂壁。

没有垂壁，视野更开阔，采光也更好，由此也可带来居室面积增加的感觉和效果。

将客厅里的大飘窗改为没有垂壁直通天花板的窗户，这样视野更开阔。如果还有与室内地板等高的露台，会让人感觉整个居室空间扩大了不少。

# 去除无用通道，高效利用空间

在装修改造居室格局时，需要重点考虑的一处就是通道（走廊）。

老旧住宅中通常会有一条长长的走廊，仅供通行之用，浪费空间。要有效利用这些空间，可以在此设墙面收纳空间（请参照第106页）。如果可以在设计中取消走廊，就能更高效地利用居室空间。

以客厅为核心，将其与盥洗室和寝室连接的话，就不需要走廊。可以将盥洗室改为能直通寝室的空间，创造洄游动线。

取消走廊，不仅可以扩大居室使用面积、增加收纳空间，还能改善居室的采光和通风条件。如果居室内的走廊不幸成为风道，会造成家中体感温度低，这时只要取消居室内的走廊就能解决问题。

# 取消走廊的案例

走廊从玄关门厅一直延伸到厨房，其间连接盥洗室、浴室和厕所。

改造后

①取消走廊后，随之扩大了盥洗室面积，也大大扩充了收纳空间。因去除了风道，室内温度也提高了。

②在玄关处增设了大容量的收纳空间，原来放不下的物品都有了藏身之所。

第7章

# 隐藏生活杂物，营造舒适环境

# 隐藏生活杂物，展示装修之美

居室一般有两类空间：一是客厅和餐厅等可长时间停留的放松空间，一是厨房、盥洗室等仅用于操作的空间。工作空间重在设计高密度的收纳空间，增强其使用功能；而长时间停留的放松空间的设计，与使用功能相比，更重视舒适度，入目之物皆为精心挑选的饰品最为理想。

如果坐下来视线所及皆是生活杂物，人们不会感觉放松惬意的。特别是垃圾箱、家电、晾晒的衣物等典型的生活杂物，将它们从“焦点”位置移到“盲区”，整个居室的舒适度和美感会大增。

# 巧用隔断，装饰、遮蔽兼得

设在客厅一角的女主人工作台。巧用隔断，不仅划分了空间，也保障了光线的充足。

想分隔空间又想有充足光线，这时使用隔断最方便。

人们常认为居室空间越大越好，但有时在不同的空间使用中，部分遮蔽的效果会更佳。如在柱子和墙壁间设一隔断，既可保障采光，又能分隔空间。

另外，装修改造时经常会将两个房间的间隔墙拆除，合为 1 个大房间。这时可能会有一些无法去除的柱子，让人头疼。对此，我的建议是在柱子和墙壁之间设隔断。

光线透过隔断，在地板上投射下美丽的暗影。功能性自不必说，隔断的装饰性也不禁让人称赞，因此它经常在装修中大放异彩。

在客厅入口处设置隔断

从走廊进入房间时，有了隔断的遮蔽，客厅不再暴露无遗，可以让人安心。

用隔断遮蔽空调

不想让空调暴露出来时，用隔断遮蔽，效果奇佳。

隐藏不想让人看到的装置

这是为便于修整庭院而设在露台上的洗手台。主人不想将其暴露在屋内人的视野中，就设了隔断进行隐藏。（右图为在室内所摄照片）

# 满眼晾晒衣物，放松毫无心情

“充满烟火气、一看到就破坏放松心情”的代表物之一，是在客厅里看到的阳台上晾晒的衣物。不管家中装饰得如何优雅，看到它就十分扫兴。但是，现实生活中，不少人对晾晒台影响美观一事已束手无策。

让我们一起来想想办法尽力隐藏晾晒的衣物吧。如果是带院子的独栋住宅，可以隔断部分区域，设专门的晾衣台，让其躲开人们的视线（见下页下图）。公寓房相对困难些，我建议巧用能上下移动的遮光帘，这样也可以部分遮挡晾晒的衣物（见下页上图）。

如果不是一定要“晾晒”的话，我建议，不妨考虑购入一台烘干机。这样，下雨天家中不再满是悬挂的衣物，舒适度提高不少。

用遮光帘遮蔽阳台衣物

巧用能上下移动的遮光帘，不仅可以让阳光进入室内，还能遮蔽阳台上晾晒的衣物。

正面

背面

自设隔断，隐藏晾衣处

在露台一角自设隔断，在从客厅看不到的地方专设晾衣台。

# 丰富多彩的墙面，演绎内饰焦点

正面墙上用仿古文化石演绎出让人印象深刻的玄关。观景窗外的景色也很迷人。

在进入某一空间时首先映入眼帘之处，我们称之为“焦点”。有意识地用心打造各处焦点，可以大幅提高家装的整体品位，建议您不妨一试。

在焦点处，可以放置一些小玩意儿或摆放鲜花、绘画作品等。在走廊或狭小空间里，我建议用文化石等打造丰富多彩的墙面，或者可以设置装饰墙，虽不像绘画作品和小玩意儿那样引人注目，但也会让人印象深刻。

凹凸不平的墙面在阳光的照射下形成深深浅浅的美丽暗影，并随着时间流逝不停变化，让人赏心悦目。如果再辅以间接照明的灯光等，会演绎出更为丰富多彩的内容。

用装饰墙隐藏楼梯所在

正面设一可移动的装饰墙，打造出让人印象深刻的玄关。也借此隐藏了楼梯的入口所在。

放在客厅里的装饰墙

打开客厅的门最先映入眼帘的是一处美丽的装饰墙。

客厅的部分墙面铺上文化石

墙面生动多变，是一个有温度的、给人留下深刻印象的客厅。

厨房的墙面贴上马赛克

开放式厨房背面地柜上方贴上马赛克，从餐厅也可欣赏其美丽。

# 自由调节亮度和颜色，尽享灯光盛宴

利用导轨，尽享灯光盛宴
在公寓房等直顶天花板房屋中无法装嵌顶灯时，可以考虑安装导轨，这样就能安装吊灯。

读书学习时、家庭团聚时、放松心情举杯小酌时，不同的生活场景对照明的要求是不同的。想专心学习时适合用冷色光（蓝白光），入睡前将灯光调为柔和的暖色光会让人很快入眠（请参照下页上表）。

以前，不换灯泡是无法改变灯光颜色的，但是现在的 LED 灯，可以用手中的遥控器来调节灯光的颜色。

根据不同的生活场景调节所需的灯光，这种习惯今后会逐渐在越来越多的家庭中普及开来吧。在装修时请务必考虑一下居室的灯光问题。此外改用 LED 灯，还能节省能源。

## 不同的生活场景适合的不同色温

| 色温 | 2700 K（白炽灯色） | 3500 K（暖白色） | 5000 ~ 6500 K（日光色） |
| --- | --- | --- | --- |
| 生活场景 | 适合晚上全家团圆等温馨放松的时刻 | 适合就餐、读书等 | 适合学习、精细操作、化妆等 |

色温是表示光线颜色的温度，数值越小，颜色越暖越柔和。在餐厅这样既可就餐也用来学习的地方，我建议使用 LED 灯，不仅能调节亮度，也可以改变色温。

餐桌上方设吊灯
在餐桌上方，悬挂吊灯，漂亮、有品位，让人印象深刻。可以用各种灯光演绎出多种生活场景。

间接照明营造轻松惬意氛围
将墙边的天花板稍上移，中间装入间接照明设备。凹凸有致的墙面在灯光下产生美丽的暗影。

# 轻松隐藏无法拆除的横梁或设备

用遮光帘隐藏垂壁

有垂壁的窗上设从天花板而下的遮光帘，让人感觉窗户直达天花板。

在客厅窗户一侧有横梁的部分设了墙面收纳柜，其进深高于横梁，横梁就此不再醒目，也可巧妙隐藏空调管道部分（图中点线部分）。

门窗上的垂壁，天花板或墙壁上突兀的横梁不仅破坏了空间的美感，也让房屋显得狭小。但在公寓房的装修中，由于结构上的问题，我们经常会碰到这些无法拆除的垂壁或横梁。

这时要想办法利用遮光帘或家具来尽力让人们忘记垂壁和横梁的存在。遮光帘不是从窗户上方，而是由天花板悬吊而下，只要它遮住垂壁部分，就能让人产生错觉，以为其后遮盖的部分仍有窗户。

此外，如果有空调管道等不想示人的设备，可以依其进深设墙面收纳柜，将设备隐藏在家具中。

不忽视每个这样的小细节，才能营造出舒适惬意的整体家装。

厨房

# 一扇门完美隐藏整个背面收纳

拉开门，杂乱的橱柜映入眼帘。

↓

来客人或饭后想放松时，拉上滑动门，清爽干净。

如果家中的厨房是面向餐厅的开放式厨房，在餐厅小坐时，看到的是厨房后面的景象。大冰箱、台面上的微波炉、电饭煲、料理器具、玻璃柜中平时使用的餐具等都会映入眼帘。有客人时，这些充满烟火气的生活用品或冰冷的器具是不想让客人看到的，因为看到这些，感觉就无法放松心情了，精心的装饰也无心欣赏了。

因此，对那些家中访客较多的客户，我会建议他们安装一扇能轻松隐藏背面收纳的滑动拉门。拉上滑门，那些用完后还没来得及整理的料理用具都可以被轻松隐藏。将洗衣机放置在厨房里的客户，我也建议他们安装这样的一扇门。

# 家的颜面：门牌、信箱、大门

简洁干净的门口。与大门相得益彰的柔和曲线设计，温柔地迎接着来访的客人。

独栋住宅的装修改造中，如果条件允许，我希望客户认真考虑房屋外观的装饰。特别是门口，那是整个住宅的颜面，简洁美丽的设计会让人对整个房屋的印象加分。

门口处的装修要点中，首先要注意的是，玄关不要被完全曝光。为此，可以改变入户线路、放置绿植、改变大门的位置等。如果没有大门，可以利用围墙的交错，设计出曲折的入户线路。

此外，门牌、信箱和门灯的设计也很重要。风格迥异的设计毫无美感，因此最好能采用简洁的、整体风格统一的设计。

门口是温柔地迎接客人的地方，即便是距离不长的空间，也要尽力设计得雅致、有品位，不要给人以杂乱无章的感觉。

## 门口的美化案例

改造前

日欧结合的设计，风格不统一。也能看到屋檐下的排水槽。

改造后

重刷了墙面，外观变得柔和温暖。藏匿了排水槽，改变了窗户位置。修整出漂亮的绿植。

绿植环绕、通向玄关的曲径。没有门牌，主人名字刻在外墙上。

大门上方架设凉棚。棚架和植物形成了深深浅浅的美丽暗影。

# 使视线偏离房门的方法

打开你家玄关大门，映入眼帘的是怎样的画面？请您以客人的视角进去看看吧。

玄关处的视线焦点是决定住宅整体印象的重要一环。我们都想把它打造成一个能给客人留下美好印象的舒适空间。

进入玄关后，如果最先映入眼帘的是通往其他房间的房门或楼梯口，那就令人感觉有点遗憾了。如果条件允许，您可以想办法移动玄关门位置，让视线错开。

正前方是墙壁的话，可以挂上漂亮的装饰画，或者放置装饰性家具，能让客人对房屋的第一印象大大加分。

# 视线焦点避开房门的案例

巧用隔断门和家具藏匿楼梯口

玄关正对着楼梯口的住宅。楼梯口前设滑动式隔断门，漂亮的装饰性家具放在显著位置。

关上隔断门，背面如同墙壁。

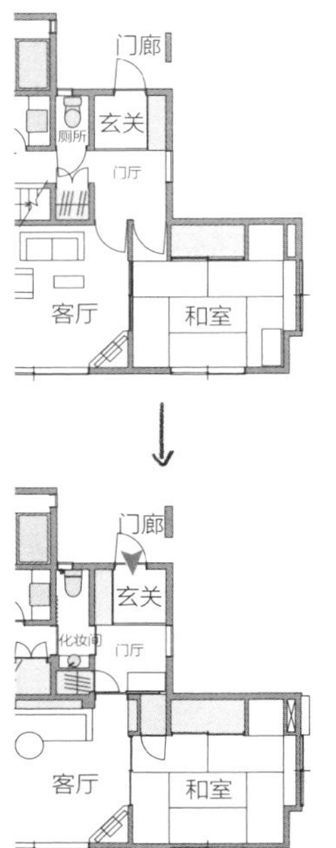


**改造前**

正前方可见通往和室和客厅的房门。

**改造后**

堵上和室门，放置古董家具。将鞋柜移到对面，移动玄关位置，让人的视线落到正前方的家具和绘画作品上。

改变玄关正前方的景物

拉开玄关门首先映入眼帘的是和式橱柜和墙上的装饰画，营造出迎接客人的温馨气氛。

# 不可过于凸显收纳空间

如同墙壁般的收纳空间

从天花板到地板的整面墙壁收纳。没有把手，颜色也与周边统一，关上柜门和墙壁融为一体，丝毫不显突兀。

我认为最理想的收纳是这样的：平时丝毫感觉不到它的存在，但在需要时它能迅速出现。如果家里到处是显眼的收纳家具，那会让人感觉整个空间凌乱、狭小、憋闷。因此，我们要想办法消除这种现象。

从天花板直达地板的墙面收纳，选择和墙面同色的柜门，可以和墙壁融为一体。除了墙面收纳，所有可见的收纳门也不要设把手，这很重要。采用按压式或嵌入式拉手，就能让人忽视它的存在。

抽屉式的收纳空间里还可以再加一层抽屉，这样可以减少关闭后可见的线条，清爽干净。

隐藏那些不想展示出来的物品，这是家庭装饰的第一步。

餐厅侧的抽屉不设把手
厨房操作台背面的餐厅收纳柜。抽屉为嵌入式拉手，不设把手，整个收纳空间整洁清爽，不显突兀。

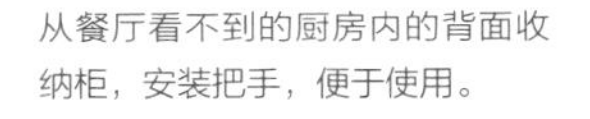

从餐厅看不到的厨房内的背面收纳柜，安装把手，便于使用。

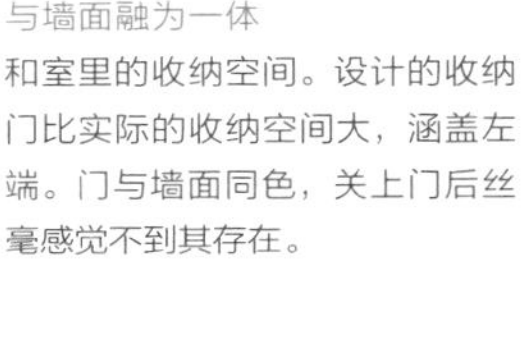

与墙面融为一体
和室里的收纳空间。设计的收纳门比实际的收纳空间大，涵盖左端。门与墙面同色，关上门后丝毫感觉不到其存在。

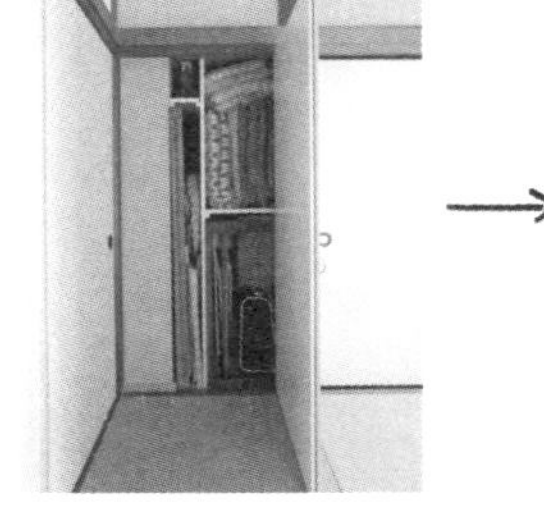

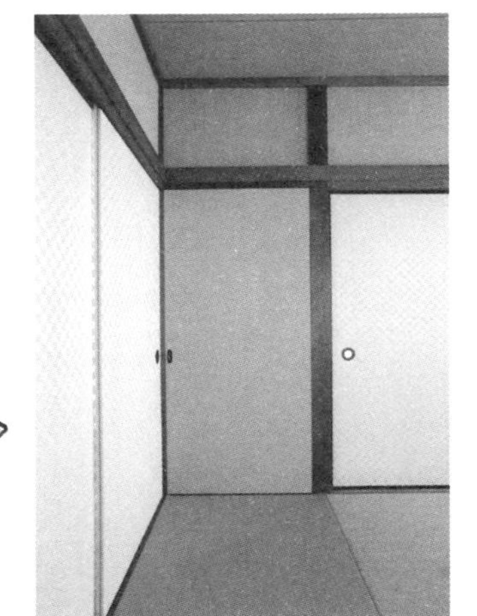

# 关于旧房改造的建材

建材的选择对预算有很大影响，实际花费也会因旧屋现状、使用材料、设备器械、装修公司等不同而有所差异，以下案例仅供参考。

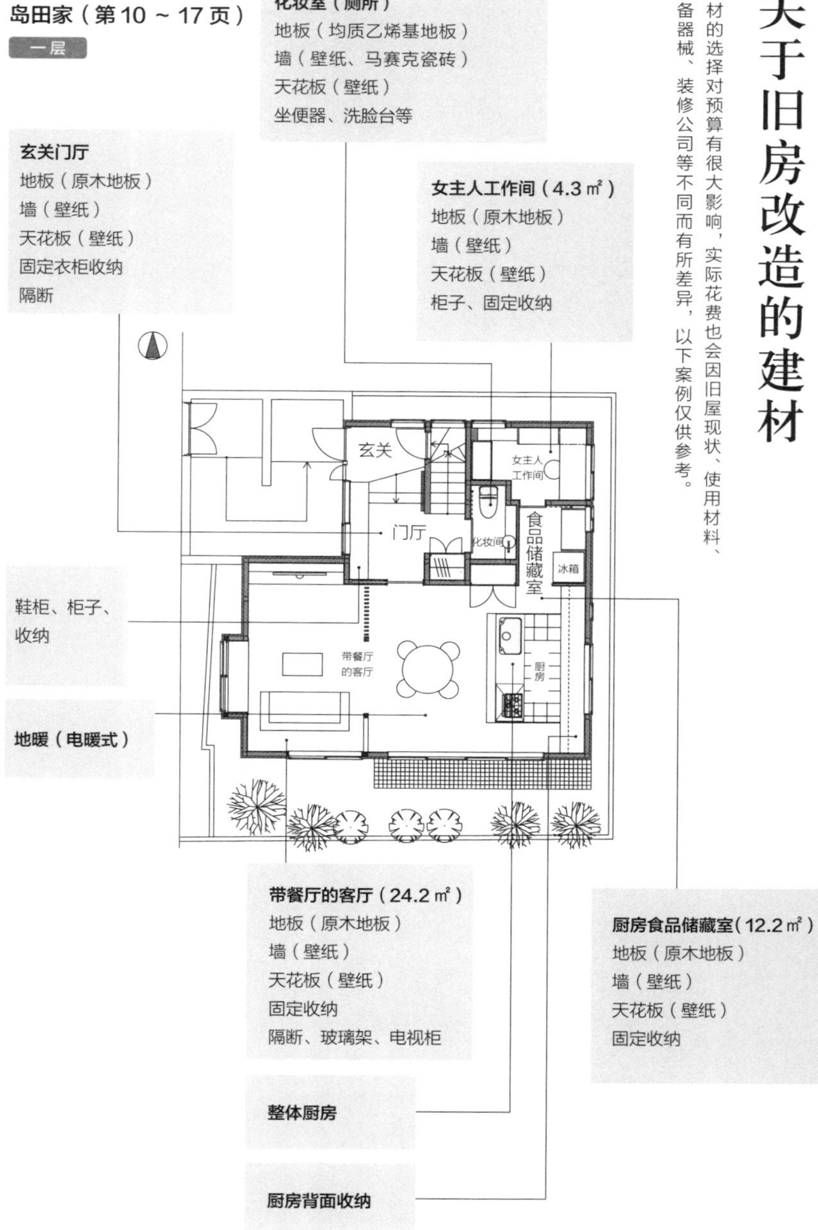

**厕所**
地板（乙烯地板）
墙（壁纸）
天花板（壁纸）
坐便器

**门厅**
地板（原木地板）
墙（壁纸）
天花板（壁纸）
固定收纳
防水盆、架

**储藏室**
地板（原木地板）
墙（壁纸）
天花板（壁纸）
衣架杆、架子

**浴室整体浴盆**
1616 型

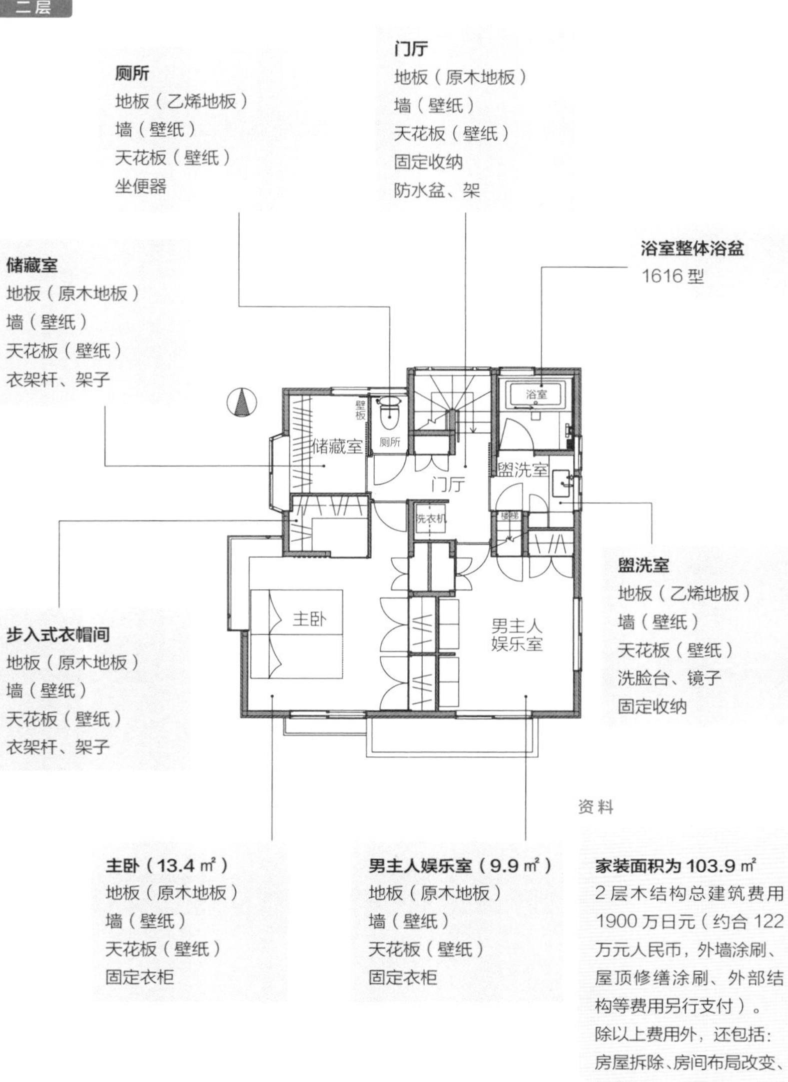


**步入式衣帽间**
地板（原木地板）
墙（壁纸）
天花板（壁纸）
衣架杆、架子

**盥洗室**
地板（乙烯地板）
墙（壁纸）
天花板（壁纸）
洗脸台、镜子
固定收纳

资料

**主卧（13.4 ㎡）**
地板（原木地板）
墙（壁纸）
天花板（壁纸）
固定衣柜

**男主人娱乐室（9.9 ㎡）**
地板（原木地板）
墙（壁纸）
天花板（壁纸）
固定衣柜

**家装面积为 103.9 ㎡**
2 层木结构总建筑费用 1900 万日元（约合 122 万元人民币，外墙涂刷、屋顶修缮涂刷、外部结构等费用另行支付）。
除以上费用外，还包括：房屋拆除、房间布局改变、门窗隔断、上下水、电路改造、空调设备、其他费用和消费税等费用。

## 饭泽家（第 18 ～ 25 页）

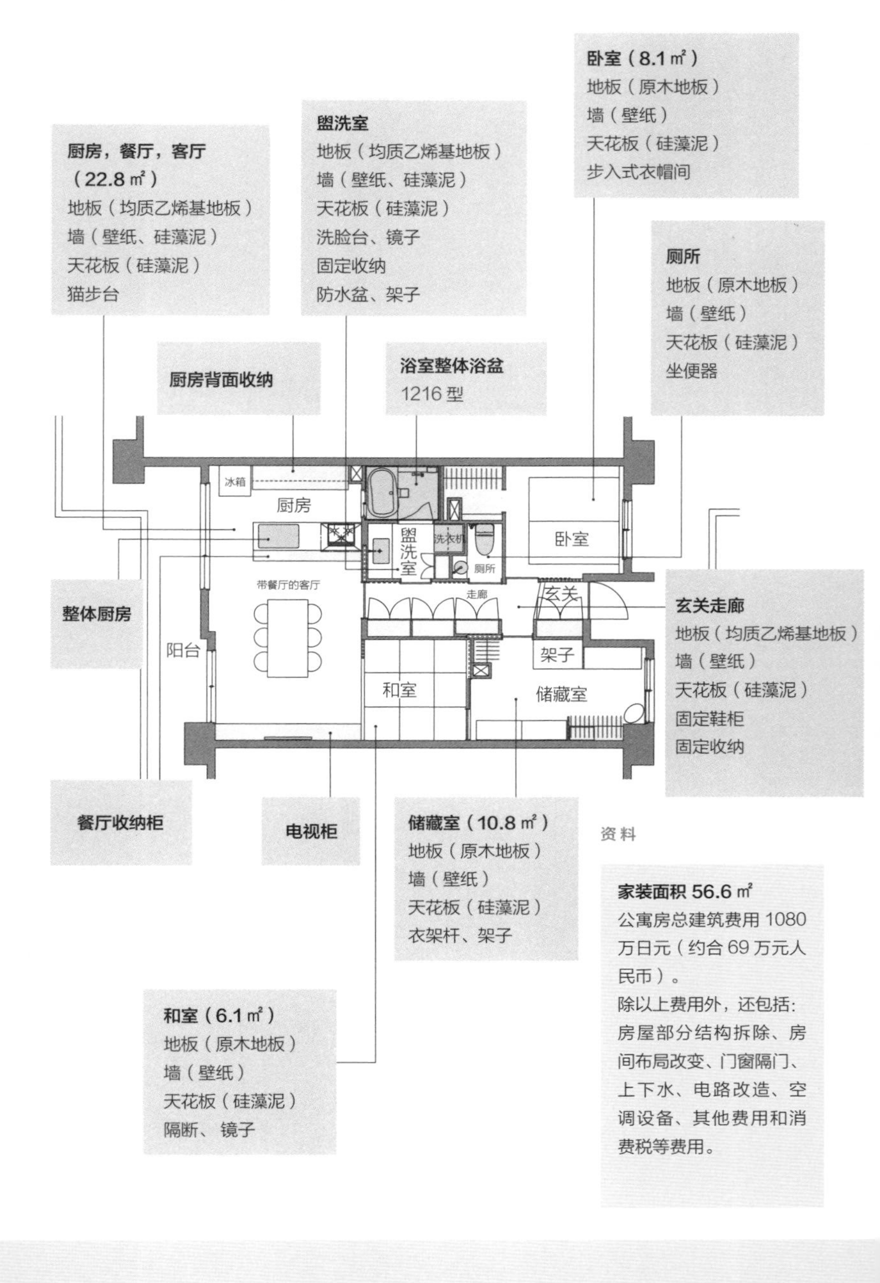


资料

**家装面积 56.6 ㎡**

公寓房总建筑费用 1080 万日元（约合 69 万元人民币）。

除以上费用外，还包括：房屋部分结构拆除、房间布局改变、门窗隔门、上下水、电路改造、空调设备、其他费用和消费税等费用。

## F家（第26 ~ 31页）

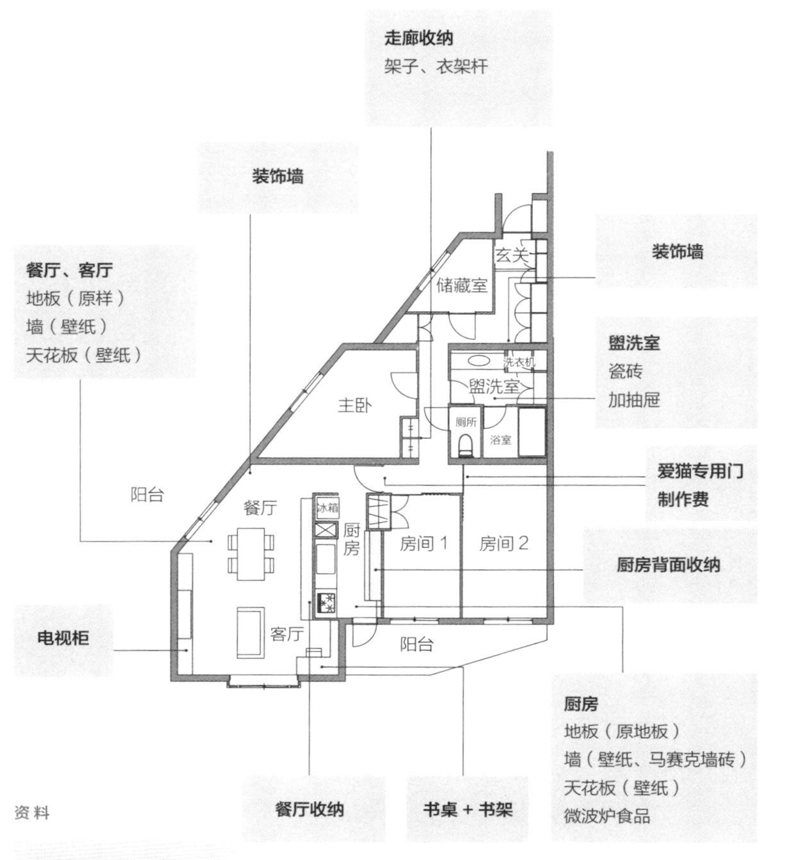


资料

**家装面积 42.3 ㎡**

公寓房总建筑费用400万日元（约合26万元人民币）。

除以上费用外，还包括：房屋部分结构拆除、房间布局改变、上下水、电路改造、空调设备、其他费用和消费税等费用。

# 后记

我从事房屋设计工作已经30多年了，这几年，我越发清晰感受到旧房改造的乐趣所在。与新房装修不同，旧房改造是在诸多限制条件下，在不断解决各种问题中，想办法尽可能去实现住户的理想，改造出一个宜居、舒适的家，这是一份很有意义的工作。

旧房改造的优势在于，可以生活在自己多年来熟悉的环境中，不改变与周围的关系，在新的住宅中开始新的生活。装修过程中，客户们看到自家住宅发生的天翻地覆的变化，都激动地对我说，“没想到这个家还能变成这样”。

通过装修，生活动线改善了，生活惬意舒适了（住宅漂亮、使用方便），住户本人的生活也随之改变。在温馨的家中，不再为整理家务而奔忙后，从多年的重压下解放出来，整个人显得充满活力。有了时间和精力去做自己一直想做的事情。随时邀请朋友来访，尽情享受生活。

进行旧房改造的通常是60岁左右迎来退休生活的人。如果我们的人生长达 90 年，那么旧房改造就是为了享受长达 1/3 的人生而进行的住宅大变身。难得一次的机会，希望您不光考虑水线改变，也请重新考虑一下房屋布局，为了实现自己的理想生活而精心设计。

装修后，住户能真切地感受到生活质量得到实实在在的提高，这样的装修才是有价值的。这本书如果能助您实现有价值的旧房改造，我将感到非常荣幸。衷心祝愿您通过旧房改造，生活变得更加丰富精彩。

最后，我要衷心感谢参与拍摄自家私宅的艾德丽爱萨拉工作室的客户们，衷心感谢在我进展缓慢时耐心等待（陪伴）我的编辑臼井美伸、藤本容子，摄影师永野佳世、岛田礼奈，图文设计堀康太郎，以及插图画家须山奈津希。

水越美枝子

2017 年秋

## 图书在版编目（CIP）数据

改变生活的住宅解剖书 /（日）水越美枝子著 ；熊仁芳译. -- 南京 ：江苏凤凰科学技术出版社，2020.7
ISBN 978-7-5713-1077-6

Ⅰ. ①改… Ⅱ. ①水… ②熊… Ⅲ. ①住宅-室内装修 Ⅳ. ①TU767.7

中国版本图书馆CIP数据核字(2020)第057743号

江苏省版权局著作权合同登记 图字：10-2020-1 号


## 改变生活的住宅解剖书

著　　者　[日]水越美枝子
译　　者　熊仁芳
项目策划　凤凰空间/李雁超
责任编辑　赵　研　刘屹立
特约编辑　李雁超

出版发行　江苏凤凰科学技术出版社
出版社地址　南京市湖南路1号A楼，邮编：210009
出版社网址　http://www.pspress.cn
总 经 销　天津凤凰空间文化传媒有限公司
总经销网址　http://www.ifengspace.cn
印　　刷　固安县京平诚乾印刷有限公司

开　　本　889 mm×1 194 mm　1 / 32
印　　张　5
字　　数　160 000
版　　次　2020年7月第1版
印　　次　2020年7月第1次印刷

标准书号　ISBN 978-7-5713-1077-6
定　　价　49.80元